国家中等职业教育改革发展示范学校建设成果

中等职业学校电子与信息技术专业

课程标准汇编（下）

ZHONGDENG ZHIYE XUEXIAO DIANZI YU XINXI JISHU ZHUANYE KECHENG BIAOZHUN　HUIBIAN

总 主 编　刘生亮

执行总主编　李巧玲

主　　编　李晓宁　谭云峰

副 主 编　彭贞蓉　李超云　王 谊

编　　者　蒲志渝　钮长兴　张圣国　袁 林　杨芝勇

　　　　　童江海　尹世忠　邓朝英　刘道春　赵玉淋

主　　审　周永平

U0347959

重庆大学出版社

内容提要

本书是根据《教育部人力资源和社会保障部财政部关于实施国家中等职业教育改革发展示范学校建设计划的意见》文件精神并结合地区和我校实际情况编写而成,适合于中等职业教育电子与信息技术专业。

本书主要内容包括电子与信息技术专业的专业核心课程和专业方向课程的课程标准。课程标准分别从前言、课程目标、课程内容和要求、教学活动设计、实施建议、其他说明六个方面进行编写。重点对课程目标、课程内容和任务、教学活动设计进行了细致设计。对专业课程教师的教学工作起到了有效的指导作用。

图书在版编目(CIP)数据

中等职业学校电子与信息技术专业课程标准汇编.下/
李晓宁,谭云峰主编. 一重庆:重庆大学出版社,2014.4
(国家中等职业教育改革发展示范学校建设成果)
ISBN 978-7-5624-8086-0

Ⅰ.①中… Ⅱ.①李… ②谭… Ⅲ.①电子技术—课程标准—
中等专业学校—教学参考资料②信息技术—课程标准—中
等专业学校—教学参考资料 Ⅳ.①TN01②G202

中国版本图书馆 CIP 数据核字(2014)第 064615 号

国家中等职业教育改革发展示范学校建设成果
中等职业学校电子与信息技术专业课程标准汇编(下)

总 主 编 刘生亮
执行总主编 李巧玲
主 编 李晓宁 谭云峰
副 主 编 彭贞蓉 李超云 王 谊
主 审 周永平
策划编辑:王 勇
责任编辑:文 鹏 邵孟春 版式设计:杨 漫
责任校对:谢 芳 责任印制:赵 晟

*

重庆大学出版社出版发行
出版人:邓晓益
社址:重庆市沙坪坝区大学城西路 21 号
邮编:401331
电话:(023)88617190 88617185(中小学)
传真:(023)88617186 88617166
网址:http://www.cqup.com.cn
邮箱:fxk@ cqup.com.cn(营销中心)
全国新华书店经销
POD:重庆书源排校有限公司

*

开本:787×1092 1/16 印张:14 字数:282 千
2014 年 4 月第 1 版 2014 年 4 月第 1 次印刷
ISBN 978-7-5624-8086-0 定价:42.00 元

前　言

《国家中长期教育改革和发展纲要(2010—2020年)》《教育部人力资源和社会保障部财政部关于实施国家中等职业教育改革发展示范学校建设计划的意见》(教职成〔2010〕9号)的颁布与实施,为中等职业教育描绘了宏伟的改革发展蓝图,为中等职业学校的科学发展指明了方向,为中等职业教育的发展提供了良好的机遇。认真、扎实做好国家中等职业教育改革发展示范学校的建设工作,是每一个示范学校建设单位的一项重要任务。

自我校2012年6月被国家三部委批准为国家中等职业教育改革发展示范学校建设单位以来,全校师生如火如荼地开展示范校建设工作。在这个工作进程中,我们深感责任重大,也感到自己的学识不够、能力不足。我校领导和示范办负责人邀请了相关专家对我们进行指导和培训。我们在专家的指导下学中做、做中学,逐渐成长,慢慢积累。

电子与信息技术专业的教师群体是一个团结优秀的群体,有着积极向上、奋发图强的精神。这个教师团队中有年轻刻苦的教师,也有老成、经验丰富的教师。在学校的统一部署下,完成了对10余家企业调研,形成了100余份原始调研问卷;完成对调研问卷的分析和数据统计,形成调研报告;成立由企业专家、教育专家组成的专业建设委员会。经过专业建设委员会的指导和辛勤工作,形成《典型工作任务分析报告》,在这个基础上形成新的专业课程体系。

专业部派遣6位教师参加了在江北区铁山坪召开的课程标准撰写培训会。6位教师将培训的成果带回专业部,在专业部开展了首次课程标准撰写培训会,先后完成了22门课程标准初稿。然而,在专家的审核下,撰写的课程标准水平不够理想,在专业指导下我们又重新学习课程标准的撰写方法、要求。教师们认真对照要求对自己撰写的课程标准进行梳理、修改。专业部内部对体例、内容进行审核,并邀请语文教师对行文进行审核。经过老师们的认真工作、反复修改,通过专家审核,最终成文,形成了22门课程标准的定稿。

本书"PLC控制及应用课程标准"由谭云峰编写,"电视机原理与维修课程标准"由李超云编写,"电热电动器具原理与维修课程标准"由彭贞蓉编写,"维修电工技能训练课程标准"由张圣国、杨芝勇共同编写,"照明电路安装与维修课程标准"由袁林、钮长兴共同编写,"传感器检测技术及应用课程标准"由王谊、童江海共同编写,"制冷技术与运用课程标准"由蒲志渝编写。全书由李晓宁、谭云峰共同组织了编写及统稿,由尹世忠、邓朝英、刘道春、赵玉淋进行了文字审核,由重庆市教育科学研究院职成教研究所周永平教研员进行了主审。

电子与信息技术专业课程标准的撰写成文，包含着领导专家的关怀，凝聚着专业教师们的辛勤汗水。在即将出版之际，我们也有收获果实的喜悦。但我们能力有限，撰写的课程标准我们也觉得有很多不足之处。我们怀着谦恭之心期待读者的批评指正，这能促使我们更好地成长。

"路漫漫其修远兮"，示范建设之路布满艰辛与荆棘同时也收获了甘甜的果实。在建设的过程中，我们从迷茫走向清晰，明确建设的方向，并将坚定的信心带在左右。在示范建设成功之时，我们还会迈向新的征途。

编　者

2014 年 2 月

目　录

"PLC 控制及应用"课程标准 ……………………………………………………… 1

  1　概述 ………………………………………………………………………… 1

    1.1　课程定位 …………………………………………………………… 1

    1.2　设计思路 …………………………………………………………… 1

  2　课程目标 …………………………………………………………………… 2

    2.1　知识目标 …………………………………………………………… 2

    2.2　技能目标 …………………………………………………………… 2

    2.3　情感态度目标 ……………………………………………………… 2

  3　课程内容和要求 …………………………………………………………… 3

  4　教学活动设计 ……………………………………………………………… 5

  5　实施建议 …………………………………………………………………… 26

    5.1　教材编写或选用 …………………………………………………… 26

    5.2　教学建议 …………………………………………………………… 26

    5.3　教学评价 …………………………………………………………… 27

    5.4　课程资源 …………………………………………………………… 27

    5.5　其他说明 …………………………………………………………… 27

"电视机原理与维修"课程标准 ……………………………………………… 28

  1　概述 ………………………………………………………………………… 28

    1.1　课程定位 …………………………………………………………… 28

    1.2　设计思路 …………………………………………………………… 28

  2　课程目标 …………………………………………………………………… 29

    2.1　知识目标 …………………………………………………………… 29

    2.2　技能目标 …………………………………………………………… 29

    2.3　情感态度目标 ……………………………………………………… 30

  3　课程内容和要求 …………………………………………………………… 30

 4 教学活动设计 …………………………………………………… 32
 5 实施建议 ………………………………………………………… 50
　5.1 教材编写或选用 …………………………………………… 50
　5.2 教学方法 …………………………………………………… 50
　5.3 教学评价 …………………………………………………… 51
　5.4 课程资源 …………………………………………………… 51
　5.5 其他说明 …………………………………………………… 52

"电热电动器具原理与维修"课程标准 ……………………… 53

 1 概述 ……………………………………………………………… 53
　1.1 课程定位 …………………………………………………… 53
　1.2 设计思路 …………………………………………………… 53
 2 课程目标 ………………………………………………………… 54
　2.1 知识目标 …………………………………………………… 54
　2.2 技能目标 …………………………………………………… 54
　2.3 情感态度目标 ……………………………………………… 55
 3 课程内容和要求 ………………………………………………… 55
 4 教学活动参考设计 ……………………………………………… 60
 5 实施建议 ………………………………………………………… 97
　5.1 教材编写或选用 …………………………………………… 97
　5.2 教材建议 …………………………………………………… 98
　5.3 教学评价 …………………………………………………… 98
　5.4 课程资源 …………………………………………………… 99
　5.5 其他说明 …………………………………………………… 99

"维修电工（中级）技能训练"课程标准 ……………………… 100

 1 概述 ……………………………………………………………… 100
　1.1 课程定位 …………………………………………………… 100
　1.2 设计思路 …………………………………………………… 100
 2 课程目标 ………………………………………………………… 101
　2.1 知识目标 …………………………………………………… 101
　2.2 技能目标 …………………………………………………… 101

   2.3 情感态度目标 ··· 101

  3 课程内容和要求 ··· 102

  4 教学活动设计 ··· 104

  5 实施建议 ··· 129

   5.1 教材编写或选用 ··· 129

   5.2 教学建议 ··· 129

   5.3 教学评价 ··· 130

   5.4 课程资源 ··· 130

   5.5 其他说明 ··· 131

"照明电路安装与维修"课程标准 ···································· 132

  1 概述 ··· 132

   1.1 课程定位 ··· 132

   1.2 设计思路 ··· 132

  2 课程目标 ··· 133

   2.1 知识目标 ··· 133

   2.2 技能目标 ··· 133

   2.3 情感态度目标 ··· 133

  3 课程内容和要求 ··· 134

  4 教学活动设计 ··· 136

  5 实施建议 ··· 155

   5.1 教材编写或选用 ··· 155

   5.2 教学建议 ··· 155

   5.3 教学评价 ··· 156

   5.4 课程资源 ··· 156

   5.5 其他说明 ··· 156

"传感器检测技术及应用"课程标准 ································· 157

  1 概述 ··· 157

   1.1 课程定位 ··· 157

   1.2 设计思路 ··· 157

  2 课程目标 ··· 158

　　2.1　知识目标 …………………………………………………… 158
　　2.2　技能目标 …………………………………………………… 158
　　2.3　情感态度目标 ……………………………………………… 158
　3　课程内容和要求 ……………………………………………… 159
　4　教学活动设计 ………………………………………………… 162
　5　实施建议 ……………………………………………………… 188
　　5.1　教材编写或选用 …………………………………………… 188
　　5.2　教学建议 …………………………………………………… 189
　　5.3　教学评价 …………………………………………………… 189
　　5.4　课程资源 …………………………………………………… 189
　　5.5　其他说明 …………………………………………………… 190

"制冷技术与运用"课程标准 …………………………………… 191
　1　概述 …………………………………………………………… 191
　　1.1　课程定位 …………………………………………………… 191
　　1.2　设计思路 …………………………………………………… 191
　2　课程目标建议 ………………………………………………… 192
　　2.1　知识目标 …………………………………………………… 192
　　2.2　技能目标 …………………………………………………… 192
　　2.3　情感态度目标 ……………………………………………… 192
　3　课程内容和要求 ……………………………………………… 193
　4　教学活动设计 ………………………………………………… 195
　5　实施建议 ……………………………………………………… 214
　　5.1　教材编写或选用 …………………………………………… 214
　　5.2　教学建议 …………………………………………………… 214
　　5.3　教学评价 …………………………………………………… 215
　　5.4　课程资源 …………………………………………………… 215
　　5.5　其他说明 …………………………………………………… 215

"PLC 控制及应用"课程标准

1 概 述

1.1 课程定位

本课程是中等职业学校电子与信息技术专业的一门专业方向课程,适用于中等职业学校电子与信息技术、机电技术、电气运行与控制类等专业,是从事机电设备维修电工岗位工作的必修课程。其主要功能是使学生掌握 PLC 的控制原理及其应用,具备 PLC 的选择、安装、使用、调试等操作能力,并为学习《机床电气控制及检修》等课程做好准备,能胜任机电设备维修电工岗位工作。

前导课程有电工技术基础、电工技能与实训、电子技术基础、电子技能与实训、电机控制与拖动、维修电工技能训练,还应与机床电气控制及检修、传感检测技术同时开设。

1.2 设计思路

本课程的设计思路主要依据"电子与信息技术专业工作任务与职业能力分析表"中的机床电路 PLC 改造工作领域和学生职业生涯发展等内容,构建项目化课程,并以此确定课程目标、设计课程内容。按工作过程设计学习过程,使学生系统性的学习和培训掌握相关的知识和技能,逐步形成相关机电设备维修电工职业能力。

本课程的目的是培养能够胜任机电设备维修电工的中、高级技能型人才。立足这一目的,本课程结合机电设备维修电工职业资格标准、中职学生身心发展特点和技能型人才培养规律的要求,依据职业能力分析得出的知识、技能和态度要求,制订了包括知识、能力、态度 3 个方面的总体课程目标和具体课程目标。教材编写、教师授课、教学评价都依据这一目标定位进行。

依据上述课程目标定位,本课程从知识、技能、态度 3 个方面对课程内容进行规划与设计,以使课程内容更好地与 PLC 改装工作岗位对接。技能及其学习要求采取了"能(会)做……"的形式进行描述,知识及其学习要求则采取了"能描述……"和"能理解……"的形式进行描述。

本课程是一门以理实一体为核心内容的课程，以项目任务驱动法为主要教学方法，教学可在任务引领情境中进行。在学习情境中，建议在实训室设置理实一体化教学情境。可设计的项目包括 PLC 的认识、PLC 控制灯、PLC 控制电机、PLC 控制常见设备、PLC 控制工业生产装置等。

每一个项目的学习都以机电维修工的工作任务为载体设计的活动来进行，以工作任务为中心整合理论与实践，实现理论与实践的一体化教学。给学生提供更多的动手机会，提高专业技能。

本课程总课时为 108 学时，建议在第四学期开设。

2　课程目标

2.1　知识目标

- 能描述 PLC 控制系统设计原则与步骤；
- 能理解 PLC 的基本结构、工作原理、工作过程；
- 能识记 PLC 的 10 个常用编程元件；
- 能识记 20 条常用基本指令和 2 条功能指令。

2.2　技能目标

- 能画出 PLC 的基本结构图和工作过程图；
- 能根据实际选用 PLC 和画出控制环节的地址分配表和外部接线图；
- 能使用 PLC 编程软件和仿真软件编写和调试 PLC 程序；
- 能现场安装、调试 PLC 设备。

2.3　情感态度目标

- 养成安全用电与节能减排的习惯；
- 养成适应"6S"管理的工作习惯；
- 提升发现、分析、解决问题的能力；
- 具备良好的团队合作意识。

3　课程内容和要求

序号	工作任务	知识要求	技能要求	情感态度要求	参考学时
1	PLC 的认识	• 能识记 PLC 的概念； • 能理解 PLC 的基本内部结构； • 能理解 PLC 的工作原理； • 能描述 PLC 的工作过程。	• 能认识 PLC 实物； • 能画出 PLC 的基本结构图； • 能画出工作过程图。	• 养成安全用电与节能减排的习惯； • 养成适应"6S"管理的工作习惯； • 提升发现、分析、解决问题的能力； • 具备良好的团队合作意识。	6
2	PLC 控制 LED 灯	• 能描述 PLC 控制点亮一个灯的设计原则与步骤； • 能描述 PLC 控制流水灯设计原则与步骤； • 能描述 PLC 控制交通灯设计原则与步骤； • 能描述 PLC 控制天塔之光设计原则与步骤。	• 能根据控制点亮一个灯、流水灯、交通灯、天塔之光的要求，选用 PLC 类型和画出地址分配表及外部接线图； • 能应用 PLC 的常用编程元件和指令，使用 PLC 编程软件编写控制点亮一个灯、流水灯、交通灯、天塔之光的程序； • 能使用 PLC 仿真软件调试控制点亮一个灯、流水灯、交通灯、天塔之光程序； • 能现场安装控制点亮一个灯、流水灯、交通灯、天塔之光的电路； • 能下载并调试 PLC 程序，实现控制点亮一个灯、流水灯、交通灯、天塔之光的功能。	• 养成安全用电与节能减排的习惯； • 养成适应"6S"管理的工作习惯； • 提升发现、分析、解决问题的能力； • 具备良好的团队合作意识。	11

续表

序号	工作任务	知识要求	技能要求	情感态度要求	参考学时
3	PLC控制电机	• 能描述 PLC 控制电机自锁的设计原则与步骤； • 能描述 PLC 控制电机正反转设计原则与步骤； • 能描述 PLC 控制电机 Y/△降压启动设计原则与步骤。	• 能根据控制电机自锁、正反转、Y/△降压启动的要求，选用 PLC 和画出地址分配表及外部接线图； • 能应用 PLC 的常用编程元件和指令，使用 PLC 编程软件编写控制电机自锁、正反转、Y/△降压启动的程序； • 能使用 PLC 仿真软件调试控制电机自锁、正反转、Y/△降压启动的程序； • 能现场安装控制电机自锁、正反转、Y/△降压启动电路； • 能下载并调试 PLC 程序，实现控制电机自锁、正反转、Y/△降压启动功能。	• 养成安全用电与节能减排的习惯； • 养成适应"6S"管理的工作习惯； • 提升发现、分析、解决问题的能力； • 具备良好的团队合作意识。	28
4	PLC控制常见设备	• 能描述 PLC 控制搅拌机工作设计原则与步骤； • 能描述 PLC 控制轧钢机工作设计原则与步骤； • 能描述 PLC 控制水塔水位控制器工作设计原则与步骤。	• 能根据控制搅拌机、轧钢机、水塔水位控制器的要求，选用 PLC 和画出地址分配表和外部接线图； • 能应用 PLC 的常用编程元件和指令，使用 PLC 编程软件编写控制搅拌机、轧钢机、水塔水位控制器的程序； • 能使用 PLC 仿真软件调试控制搅拌机、轧钢机、水塔水位控制器的程序； • 能现场安装控制搅拌机、轧钢机、水塔水位控制器电路； • 能下载并调试 PLC 程序，实现控制搅拌机、轧钢机、水塔水位控制器功能。	• 养成安全用电与节能减排的习惯； • 养成适应"6S"管理的工作习惯； • 提升发现、分析、解决问题的能力； • 具备良好的团队合作意识。	30

续表

序号	工作任务	知识要求	技能要求	情感态度要求	参考学时
5	PLC 控制工业生产装置	• 能描述 PLC 控制小车装料自动循环设计原则与步骤; • 能描述 PLC 控制物料分拣设计原则与步骤; • 能描述 PLC 控制四节传送带设计原则与步骤。	• 能根据控制小车装料自动循环、物料分拣、四节传送带的要求,选用 PLC 和画出地址分配表及外部接线图; • 能应用 PLC 的常用编程元件和指令,使用 PLC 编程软件编写控制小车装料自动循环、物料分拣、四节传送带的程序; • 能使用 PLC 仿真软件调试控制小车装料自动循环、物料分拣、四节传送带的程序; • 能现场安装控制小车装料自动循环、物料分拣、四节传送带的电路; • 能下载并调试 PLC 程序,实现控制小车装料自动循环、物料分拣、四节传送带的功能。	• 养成安全用电与节能减排的习惯; • 养成适应"6S"管理的工作习惯; • 提升发现、分析、解决问题的能力; • 具备良好的团队合作意识。	30
6	机动(考核)				3
7		合　计			108

4　教学活动设计

序号	工作任务	教学活动	参考学时
1	PLC 的认识	(一)动员 1. 教学目标 (1)知识目标 • 能识记 PLC 的概念; • 能理解 PLC 的基本内部结构; • 能理解 PLC 的工作原理; • 能描述 PLC 的工作过程。	6

续表

序号	工作任务	教学活动	参考学时
1	PLC的认识	（2）技能目标 •能认识 PLC 实物； •能画出 PLC 的基本结构图； •能画出工作过程图。 （3）情感态度目标 •养成安全用电与节能减排的习惯； •养成适应"6S"管理的工作习惯； •提升发现、分析、解决问题的能力； •具备良好的团队合作意识。 2.教学组织形式 在 PLC 实训室进行，采用先集中讲解、演示，后分组练习指导 3.学习方法指导 （1）教法：集中讲解、演示，分组指导、检查 （2）学法：阅读、讨论、练习、实训、询问 （二）训练 任务一　PLC 实物认识 【任务引入】 （1）教师演示应用 PLC 的场所 （2）教师展示 PLC 的实物 【任务实施】 （1）从外观认识 PLC 的不同类型 （2）认识 PLC 的电源和信号下载接口 （3）认识 PLC 的输入接口及地址编号 （4）认识 PLC 的输出接口及地址编号 【相关知识链接】 【任务评价】	

评价内容	分值分配	得分	备注
能从外观认识 PLC 的不同类型	20 分		
能在 PLC 上找出电源和信号下载接口并进行正确连线	20 分		
能在 PLC 上找出输入接口及地址编号	25 分		
能在 PLC 上找出输出接口及地址编号	25 分		
态度端正，能正确使用仪器设备，安全操作	5 分		
能做到"6S"管理要求	5 分		
总分（100 分）			

序号	工作任务	教学活动	参考学时
1	PLC 的认识	任务二　PLC 基本结构的认识 【任务引入】 由外部布局及应用引出内部结构 【任务实施】 (1)介绍 PLC 的输入元件 (2)介绍 PLC 的输出元件 (3)介绍 PLC 的内部各个组成部分及作用 (4)画出 PLC 基本结构图 【相关知识链接】 【任务评价】 任务三　PLC 工作原理及过程的认识 【任务引入】 通过 PLC 组成结构的介绍引出 PLC 工作原理及过程 【任务实施】 (1)介绍 PLC 的工作原理 (2)介绍 PLC 的工作过程 (3)能画出 PLC 的工作过程图 (4)对比 PLC 与计算机的不同 【相关知识链接】 【任务评价】	

【任务评价】表：

评价内容	分值分配	得分	备注
能知道 PLC 的输入元件	20 分		
能知道 PLC 的输出元件	20 分		
能知道 PLC 的内部各个组成部分及作用	25 分		
能画出 PLC 基本结构图	25 分		
态度端正,能正确使用仪器设备,安全操作	5 分		
能做到"6S"管理要求	5 分		
总分(100 分)			

续表

序号	工作任务	教学活动	参考学时
1	PLC 的认识	**评价内容 / 分值分配 / 得分 / 备注** 能正确描述 PLC 的工作原理　20 分 能正确描述 PLC 的工作过程　20 分 能画出 PLC 的工作过程图　25 分 知道 PLC 与计算机的不同　25 分 态度端正，能正确使用仪器设备，安全操作　5 分 能做到"6S"管理要求　5 分 总分（100 分） （三）鉴定 **评价内容 / 分值分配 / 得分 / 备注** 任务一完成情况　20 分 任务二完成情况　20 分 任务三完成情况　20 分 能认识 PLC 的结构及各个部分，能画出 PLC 的基本结构图和工作过程图　30 分 学生在学习过程中的出勤、纪律情况，发言与同学协作互动情况，操作情况，仪器设备的使用情况，"6S"管理情况等　10 分 总分（100 分） （四）拓展 通过查阅书籍，查询工业自动化控制、机电技术等相关网站，了解 PLC 控制及应用等方面的知识，丰富工业自动化控制的知识，拓宽眼界	
2	PLC 控制灯	（一）动员 1.教学目标 （1）知识目标 • 能描述 PLC 控制点亮一个灯的设计原则与步骤； • 能描述 PLC 控制流水灯的设计原则与步骤； • 能描述 PLC 控制交通灯的设计原则与步骤； • 能描述 PLC 控制天塔之光的设计原则与步骤。	11

续表

序号	工作任务	教学活动	参考学时
2	PLC控制灯	(2)技能目标 •能根据控制点亮一个灯、流水灯、交通灯、天塔之光的要求,选用 PLC、画出地址分配表、外部接线图; •能应用 PLC 的常用编程元件和指令,使用 PLC 编程软件编写控制点亮一个灯、流水灯、交通灯、天塔之光的程序; •能使用 PLC 仿真软件调试控制点亮一个灯、流水灯、交通灯、天塔之光程序; •能现场安装控制点亮一个灯、流水灯、交通灯、天塔之光的电路; •能下载并调试 PLC 程序,实现控制点亮一个灯、流水灯、交通灯、天塔之光的功能。 (3)情感态度目标 •养成安全用电与节能减排的习惯; •养成适应"6S"管理的工作习惯; •提升发现、分析、解决问题的能力; •具备良好的团队合作意识。 2.教学组织形式 在 PLC 实训室进行,采用先集中讲解、演示,后分组练习指导 3.学习方法指导 (1)教法:集中讲解、演示,分组指导、检查 (2)学法:阅读、讨论、练习、实训、询问 (二)训练 任务一　点亮一个灯的控制 【任务引入】 (1)教师实例演示效果 (2)分析控制要求 【任务实施】 (1)选用 PLC 类型 (2)画出地址分配表 (3)画出外部接线图 (4)使用 PLC 编程软件编写程序 (5)使用 PLC 仿真软件调试程序 (6)现场安装电路 (7)下载并调试 PLC 程序实现功能 【相关知识链接】 【任务评价】	

续表

序号	工作任务	教学活动				参考学时
2	PLC 控制灯	<table><tr><td>评价内容</td><td>分值分配</td><td>得分</td><td>备注</td></tr><tr><td>能正确选用 PLC 类型</td><td>5 分</td><td></td><td></td></tr><tr><td>能正确画出地址分配表</td><td>10 分</td><td></td><td></td></tr><tr><td>能正确画出外部接线图</td><td>10 分</td><td></td><td></td></tr><tr><td>能正确使用 PLC 编程软件编写程序</td><td>15 分</td><td></td><td></td></tr><tr><td>能正确使用 PLC 仿真软件调试程序</td><td>15 分</td><td></td><td></td></tr><tr><td>能现场正确安装电路</td><td>10 分</td><td></td><td></td></tr><tr><td>能正确下载并调试 PLC 程序实现功能</td><td>10 分</td><td></td><td></td></tr><tr><td>能正确说出本任务中所用到的编程元件及指令</td><td>15 分</td><td></td><td></td></tr><tr><td>态度端正,能正确使用仪器设备,安全操作</td><td>5 分</td><td></td><td></td></tr><tr><td>能做到"6S"管理要求</td><td>5 分</td><td></td><td></td></tr><tr><td colspan="2">总分(100 分)</td><td></td><td></td></tr></table> 任务二　流水灯的控制 【任务引入】 (1)教师实例演示效果 (2)分析控制要求 【任务实施】 (1)选用 PLC 类型 (2)画出地址分配表 (3)画出外部接线图 (4)使用 PLC 编程软件编写程序 (5)使用 PLC 仿真软件调试程序 (6)现场安装电路 (7)下载并调试 PLC 程序实现功能 【相关知识链接】 【任务评价】				

序号	工作任务	教学活动			参考学时

2 | PLC 控制灯

评价内容	分值分配	得分	备注
能正确选用 PLC 类型	5分		
能正确画出地址分配表	10分		
能正确画出外部接线图	10分		
能正确使用 PLC 编程软件编写程序	15分		
能正确使用 PLC 仿真软件调试程序	15分		
能现场正确安装电路	10分		
能正确下载并调试 PLC 程序实现功能	10分		
能正确说出本任务中所用到的编程元件及指令	15分		
态度端正,能正确使用仪器设备,安全操作	5分		
能做到"6S"管理要求	5分		
总分(100 分)			

任务三 交通灯的控制

【任务引入】

(1)教师实例演示效果

(2)分析控制要求

【任务实施】

(1)选用 PLC 类型

(2)画出地址分配表

(3)画出外部接线图

(4)使用 PLC 编程软件编写程序

(5)使用 PLC 仿真软件调试程序

(6)现场安装电路

(7)下载并调试 PLC 程序实现功能

【相关知识链接】

【任务评价】

续表

序号	工作任务	教学活动				参考学时
2	PLC 控制灯	<table><tr><td>评价内容</td><td>分值分配</td><td>得分</td><td>备注</td></tr><tr><td>能正确选用 PLC 类型</td><td>5 分</td><td></td><td></td></tr><tr><td>能正确画出地址分配表</td><td>10 分</td><td></td><td></td></tr><tr><td>能正确画出外部接线图</td><td>10 分</td><td></td><td></td></tr><tr><td>能正确使用 PLC 编程软件编写程序</td><td>15 分</td><td></td><td></td></tr><tr><td>能正确使用 PLC 仿真软件调试程序</td><td>15 分</td><td></td><td></td></tr><tr><td>能现场正确安装电路</td><td>10 分</td><td></td><td></td></tr><tr><td>能正确下载并调试 PLC 程序实现功能</td><td>10 分</td><td></td><td></td></tr><tr><td>能正确说出本任务中所用到的编程元件及指令</td><td>15 分</td><td></td><td></td></tr><tr><td>态度端正，能正确使用仪器设备，安全操作</td><td>5 分</td><td></td><td></td></tr><tr><td>能做到"6S"管理要求</td><td>5 分</td><td></td><td></td></tr><tr><td colspan="2">总分（100 分）</td><td></td><td></td></tr></table> 任务四　天塔之光的控制 【任务引入】 (1)教师实例演示效果 (2)分析控制要求 【任务实施】 (1)选用 PLC 类型 (2)画出地址分配表 (3)画出外部接线图 (4)使用 PLC 编程软件编写程序 (5)使用 PLC 仿真软件调试程序 (6)现场安装电路 (7)下载并调试 PLC 程序实现功能 【相关知识链接】 【任务评价】				

续表

序号	工作任务	教学活动	参考学时

评价内容	分值分配	得分	备注
能正确选用 PLC 类型	5 分		
能正确画出地址分配表	10 分		
能正确画出外部接线图	10 分		
能正确使用 PLC 编程软件编写程序	15 分		
能正确使用 PLC 仿真软件调试程序	15 分		
能现场正确安装电路	10 分		
能正确下载并调试 PLC 程序实现功能	10 分		
能正确说出本任务中所用到的编程元件及指令	15 分		
态度端正,能正确使用仪器设备,安全操作	5 分		
能做到"6S"管理要求	5 分		
总分(100 分)			

(三)鉴定

2 PLC 控制灯

评价内容	分值分配	得分	备注
任务一完成情况	10 分		
任务二完成情况	15 分		
任务三完成情况	15 分		
任务四完成情况	15 分		
能正确说出本项目中用到的所有编程元件及指令等理论知识	15 分		
能完成任意抽考 4 个任务中的一个或重新考查一个控制灯的内容	20 分		
学生在学习过程中的出勤、纪律情况,发言与同学协作互动情况,操作情况,仪器设备的使用情况,"6S"管理情况等	10 分		
总分(100 分)			

(四)拓展

通过查阅书籍,查询工业自动化控制、机电技术等相关网站,了解 PLC 控制及应用等方面的知识,丰富工业自动化控制的知识,拓宽眼界

续表

序号	工作任务	教学活动	参考学时
3	PLC 控制电机	**(一)动员** **1.教学目标** **（1）知识目标** • 能描述 PLC 控制电机自锁设计原则与步骤； • 能描述 PLC 控制电机正反转设计原则与步骤； • 能描述 PLC 控制电机 Y/△降压启动设计原则与步骤。 **（2）技能目标** • 能根据控制电机自锁、正反转、Y/△降压启动的要求,选用 PLC、画出地址分配表、外部接线图； • 能应用 PLC 的常用编程元件和指令,使用 PLC 编程软件编写控制电机自锁、正反转、Y/△降压启动的程序； • 能使用 PLC 仿真软件调试控制电机自锁、正反转、Y/△降压启动的程序； • 能现场安装控制电机自锁、正反转、Y/△降压启动电路； • 能下载并调试 PLC 程序,实现控制电机自锁、正反转、Y/△降压启动功能。 **（3）情感态度目标** • 养成安全用电与节能减排的习惯； • 养成适应"6S"管理的工作习惯； • 提升发现、分析、解决问题的能力； • 具备良好的团队合作意识。 **2.教学组织形式** 在 PLC 实训室进行,采用先集中讲解、演示,后分组练习指导 **3.学习方法指导** (1)教法:集中讲解、演示,分组指导、检查 (2)学法:阅读、讨论、练习、实训、询问 **(二)训练** 任务一　电机自锁的控制 **【任务引入】** (1)教师实例演示效果 (2)分析控制要求 **【任务实施】** (1)选用 PLC 类型 (2)画出地址分配表 (3)画出外部接线图	28

序号	工作任务	教学活动				参考学时
3	PLC控制电机	(4)使用PLC编程软件编写程序 (5)使用PLC仿真软件调试程序 (6)现场安装电路 (7)下载并调试PLC程序实现功能 【相关知识链接】 【任务评价】				

评价内容	分值分配	得分	备注
能正确选用PLC类型	5分		
能正确画出地址分配表	10分		
能正确画出外部接线图	10分		
能正确使用PLC编程软件编写程序	15分		
能正确使用PLC仿真软件调试程序	15分		
能现场正确安装电路	10分		
能正确下载并调试PLC程序实现功能	10分		
能正确说出本任务中所用到的编程元件及指令	15分		
态度端正,能正确使用仪器设备,安全操作	5分		
能做到"6S"管理要求	5分		
总分(100分)			

任务二 电机正反转的控制

【任务引入】

(1)教师实例演示效果

(2)分析控制要求

【任务实施】

(1)选用PLC类型

(2)画出地址分配表

(3)画出外部接线图

(4)使用PLC编程软件编写程序

(5)使用PLC仿真软件调试程序

(6)现场安装电路

(7)下载并调试PLC程序实现功能

续表

序号	工作任务	教学活动	参考学时
3	PLC 控制电机	【相关知识链接】 【任务评价】 | 评价内容	分值分配	得分	备注
能正确选用 PLC 类型	5 分		
能正确画出地址分配表	10 分		
能正确画出外部接线图	10 分		
能正确使用 PLC 编程软件编写程序	15 分		
能正确使用 PLC 仿真软件调试程序	15 分		
能现场正确安装电路	10 分		
能正确下载并调试 PLC 程序实现功能	10 分		
能正确说出本任务中所用到的编程元件及指令	15 分		
态度端正，能正确使用仪器设备，安全操作	5 分		
能做到"6S"管理要求	5 分		
总分（100 分）				 **任务三　电机 Y/△降压启动的控制** 【任务引入】 （1）教师实例演示效果 （2）分析控制要求 【任务实施】 （1）选用 PLC 类型 （2）画出地址分配表 （3）画出外部接线图 （4）使用 PLC 编程软件编写程序 （5）使用 PLC 仿真软件调试程序 （6）现场安装电路 （7）下载并调试 PLC 程序实现功能 【相关知识链接】 【任务评价】	

续表

序号	工作任务	教学活动				参考学时

评价内容	分值分配	得分	备注
能正确选用 PLC 类型	5 分		
能正确画出地址分配表	10 分		
能正确画出外部接线图	10 分		
能正确使用 PLC 编程软件编写程序	15 分		
能正确使用 PLC 仿真软件调试程序	15 分		
能正确现场安装电路	10 分		
能正确下载并调试 PLC 程序实现功能	10 分		
能正确说出本任务中所用到的编程元件及指令	15 分		
态度端正,能正确使用仪器设备,安全操作	5 分		
能做到"6S"管理要求	5 分		
总分(100 分)			

(三)鉴定

序号 3　工作任务 PLC 控制电机

评价内容	分值分配	得分	备注
任务一完成情况	15 分		
任务二完成情况	20 分		
任务三完成情况	20 分		
能正确说出本项目中用到的所有编程元件及指令等理论知识	15 分		
能完成任意抽考四个任务中的一个或重新考查一个控制电机的内容	20 分		
学生在学习过程中的出勤、纪律情况,发言与同学协作互动情况,操作情况,仪器设备的使用情况,"6S"管理情况等	10 分		
总分(100 分)			

(四)拓展

通过查阅书籍,查询工业自动化控制、机电技术等相关网站,了解 PLC 控制及应用等方面的知识,丰富工业自动化控制的知识,拓宽眼界

续表

序号	工作任务	教学活动	参考学时
4	PLC控制常见设备	（一）动员 1. 教学目标 （1）知识目标 • 能描述PLC控制搅拌机工作设计原则与步骤； • 能描述PLC控制轧钢机工作设计原则与步骤； • 能描述PLC控制水塔水位控制器工作设计原则与步骤。 （2）技能目标 • 能根据控制搅拌机、轧钢机、水塔水位控器的要求，选用PLC、画出地址分配表、外部接线图； • 能应用PLC的常用编程元件和指令，使用PLC编程软件编写控制搅拌机、轧钢机、水塔水位控制器的程序； • 能使用PLC仿真软件调试控制搅拌机、轧钢机、水塔水位控制器的程序； • 能现场安装控制搅拌机、轧钢机、水塔水位控制器电路； • 能下载并调试PLC程序实现，控制搅拌机、轧钢机、水塔水位控制器功能。 （3）情感态度目标 • 养成安全用电与节能减排的习惯； • 养成适应"6S"管理的工作习惯； • 提升发现、分析、解决问题的能力； • 具备良好的团队合作意识。 2. 教学组织形式 在PLC实训室进行，采用先集中讲解、演示，后分组练习指导 3. 学习方法指导 （1）教法：集中讲解、演示、分组指导、检查 （2）学法：阅读、讨论、练习、实训、询问 （二）训练 任务一　搅拌机的控制 【任务引入】 （1）教师实例演示效果 （2）分析控制要求 【任务实施】 （1）选用PLC类型 （2）画出地址分配表 （3）画出外部接线图	30

序号	工作任务	教学活动				参考学时
4	PLC 控制常见设备	(4)使用 PLC 编程软件编写程序 (5)使用 PLC 仿真软件调试程序 (6)现场安装电路 (7)下载并调试 PLC 程序实现功能 【相关知识链接】 【任务评价】				

评价内容	分值分配	得分	备注
能正确选用 PLC 类型	5 分		
能正确画出地址分配表	10 分		
能正确画出外部接线图	10 分		
能正确使用 PLC 编程软件编写程序	15 分		
能正确使用 PLC 仿真软件调试程序	15 分		
能现场正确安装电路	10 分		
能正确下载并调试 PLC 程序实现功能	10 分		
能正确说出本任务中所用到的编程元件及指令	15 分		
态度端正,能正确使用仪器设备,安全操作	5 分		
能做到"6S"管理要求	5 分		
总分(100 分)			

任务二　轧钢机的控制

【任务引入】

(1)教师实例演示效果

(2)分析控制要求

【任务实施】

(1)选用 PLC 类型

(2)画出地址分配表

(3)画出外部接线图

(4)使用 PLC 编程软件编写程序

(5)使用 PLC 仿真软件调试程序

(6)现场安装电路

(7)下载并调试 PLC 程序实现功能

续表

序号	工作任务	教学活动	参考学时
4	PLC控制常见设备	【相关知识链接】 【任务评价】 | 评价内容	分值分配	得分	备注
能正确选用PLC类型	5分		
能正确画出地址分配表	10分		
能正确画出外部接线图	10分		
能正确使用PLC编程软件编写程序	15分		
能正确使用PLC仿真软件调试程序	15分		
能现场正确安装电路	10分		
能正确下载并调试PLC程序实现功能	10分		
能正确说出本任务中所用到的编程元件及指令	15分		
态度端正，能正确使用仪器设备，安全操作	5分		
能做到"6S"管理要求	5分		
总分（100分）				 任务三　水塔水位控制器的控制 【任务引入】 (1)教师实例演示效果 (2)分析控制要求 【任务实施】 (1)选用PLC类型 (2)画出地址分配表 (3)画出外部接线图 (4)使用PLC编程软件编写程序 (5)使用PLC仿真软件调试程序 (6)现场安装电路 (7)下载并调试PLC程序实现功能 【相关知识链接】 【任务评价】	

序号	工作任务	教学活动				参考学时
4	PLC控制常见设备	**评价内容**	**分值分配**	**得分**	**备注**	
		能正确选用PLC类型	5分			
		能正确画出地址分配表	10分			
		能正确画出外部接线图	10分			
		能正确使用PLC编程软件编写程序	15分			
		能正确使用PLC仿真软件调试程序	15分			
		能现场正确安装电路	10分			
		能正确下载并调试PLC程序实现功能	10分			
		能正确说出本任务中所用到的编程元件及指令	15分			
		态度端正,能正确使用仪器设备,安全操作	5分			
		能做到"6S"管理要求	5分			
		总分(100分)				

（三）鉴定

评价内容	分值分配	得分	备注
任务一完成情况	15分		
任务二完成情况	20分		
任务三完成情况	20分		
能正确说出本项目中用到的所有编程元件及指令等理论知识	15分		
能完成任意抽考四个任务中的一个或重新考查一个控制常见设备的内容	20分		
学生在学习过程中的出勤、纪律情况,发言与同学协作互动情况,操作情况,仪器设备的使用情况,"6S"管理情况等	10分		
总分(100分)			

（四）拓展

通过查阅书籍,查询工业自动化控制、机电技术等相关网站,了解PLC控制及应用等方面的知识,丰富工业自动化控制的知识,拓宽眼界

续表

序号	工作任务	教学活动	参考学时
5	PLC控制工业生产装置	(一)动员 1.教学目标 (1)知识目标 • 能描述 PLC 控制小车装料自动循环设计原则与步骤； • 能描述 PLC 控制物料分拣设计原则与步骤； • 能描述 PLC 控制四节传送带设计原则与步骤。 (2)技能目标 • 能根据控制小车装料自动循环、物料分拣、四节传送带的要求，选用 PLC、画出地址分配表、外部接线图； • 能应用 PLC 的常用编程元件和指令，使用 PLC 编程软件编写控制小车装料自动循环、物料分拣、四节传送带的程序； • 能使用 PLC 仿真软件调试控制小车装料自动循环、物料分拣、四节传送带的程序； • 能现场安装控制小车装料自动循环、物料分拣、四节传送带的电路； • 能下载并调试 PLC 程序，实现控制小车装料自动循环、物料分拣、四节传送带的功能。 (3)情感态度目标 • 养成安全用电与节能减排的习惯； • 养成适应"6S"管理的工作习惯； • 提升发现、分析、解决问题的能力； • 具备良好的团队合作意识。 2.教学组织形式 在 PLC 实训室进行，采用先集中讲解、演示，后分组练习指导 3.学习方法指导 (1)教法：集中讲解、演示，分组指导、检查 (2)学法：阅读、讨论、练习、实训、询问 (二)训练 任务一　小车装料自动循环的控制 【任务引入】 (1)教师实例演示效果 (2)分析控制要求 【任务实施】 (1)选用 PLC 类型	30

序号	工作任务	教学活动	参考学时
5	PLC控制工业生产装置	(2)画出地址分配表 (3)画出外部接线图 (4)使用 PLC 编程软件编写程序 (5)使用 PLC 仿真软件调试程序 (6)现场安装电路 (7)下载并调试 PLC 程序实现功能 【相关知识链接】 【任务评价】	

评价内容	分值分配	得分	备注
能正确选用 PLC 类型	5 分		
能正确画出地址分配表	10 分		
能正确画出外部接线图	10 分		
能正确使用 PLC 编程软件编写程序	15 分		
能正确使用 PLC 仿真软件调试程序	15 分		
能现场正确安装电路	10 分		
能正确下载并调试 PLC 程序实现功能	10 分		
能正确说出本任务中所用到的编程元件及指令	15 分		
态度端正,能正确使用仪器设备,安全操作	5 分		
能做到"6S"管理要求	5 分		
总分(100 分)			

任务二　物料分拣的控制

【任务引入】

(1)教师实例演示效果

(2)分析控制要求

【任务实施】

(1)选用 PLC 类型

(2)画出地址分配表

(3)画出外部接线图

(4)使用 PLC 编程软件编写程序

(5)使用 PLC 仿真软件调试程序

续表

序号	工作任务	教学活动	参考学时
5	PLC 控制工业生产装置	（6）现场安装电路 （7）下载并调试 PLC 程序实现功能 【相关知识链接】 【任务评价】	

评价内容	分值分配	得分	备注
能正确选用 PLC 类型	5 分		
能正确画出地址分配表	10 分		
能正确画出外部接线图	10 分		
能正确使用 PLC 编程软件编写程序	15 分		
能正确使用 PLC 仿真软件调试程序	15 分		
能现场正确安装电路	10 分		
能正确下载并调试 PLC 程序实现功能	10 分		
能正确说出本任务中所用到的编程元件及指令	15 分		
态度端正，能正确使用仪器设备，安全操作	5 分		
能做到"6S"管理要求	5 分		
总分（100 分）			

任务三 四节传送带的控制

【任务引入】

（1）教师实例演示效果

（2）分析控制要求

【任务实施】

（1）选用 PLC 类型

（2）画出地址分配表

（3）画出外部接线图

（4）使用 PLC 编程软件编写程序

（5）使用 PLC 仿真软件调试程序

（6）现场安装电路

（7）下载并调试 PLC 程序实现功能

【相关知识链接】

【任务评价】

序号	工作任务	教学活动				参考学时
5	PLC 控制工业生产装置	<table><tr><td>评价内容</td><td>分值分配</td><td>得分</td><td>备注</td></tr><tr><td>能正确选用 PLC 类型</td><td>5 分</td><td></td><td></td></tr><tr><td>能正确画出地址分配表</td><td>10 分</td><td></td><td></td></tr><tr><td>能正确画出外部接线图</td><td>10 分</td><td></td><td></td></tr><tr><td>能正确使用 PLC 编程软件编写程序</td><td>15 分</td><td></td><td></td></tr><tr><td>能正确使用 PLC 仿真软件调试程序</td><td>15 分</td><td></td><td></td></tr><tr><td>能现场正确安装电路</td><td>10 分</td><td></td><td></td></tr><tr><td>能正确下载并调试 PLC 程序实现功能</td><td>10 分</td><td></td><td></td></tr><tr><td>能正确说出本任务中所用到的编程元件及指令</td><td>15 分</td><td></td><td></td></tr><tr><td>态度端正,能正确使用仪器设备,安全操作</td><td>5 分</td><td></td><td></td></tr><tr><td>能做到"6S"管理要求</td><td>5 分</td><td></td><td></td></tr><tr><td colspan="4">总分(100 分)</td></tr></table> (三)鉴定 <table><tr><td>评价内容</td><td>分值分配</td><td>得分</td><td>备注</td></tr><tr><td>任务一完成情况</td><td>15 分</td><td></td><td></td></tr><tr><td>任务二完成情况</td><td>20 分</td><td></td><td></td></tr><tr><td>任务三完成情况</td><td>20 分</td><td></td><td></td></tr><tr><td>能正确说出本项目中用到的所有编程元件及指令等理论知识</td><td>15 分</td><td></td><td></td></tr><tr><td>能完成任意抽考 3 个任务中的一个或重新考查一个控制工业生产装置的内容</td><td>20 分</td><td></td><td></td></tr><tr><td>学生在学习过程中的出勤、纪律情况,发言与同学协作互动情况,操作情况,仪器设备的使用情况,"6S"管理情况等</td><td>10 分</td><td></td><td></td></tr><tr><td colspan="4">总分(100 分)</td></tr></table> (四)拓展 通过查阅书籍,查询工业自动化控制、机电技术等相关网站,了解 PLC 控制及应用等方面的知识,丰富工业自动化控制的知识,拓宽眼界	

5　实施建议

5.1　教材编写或选用

（1）依据本课程标准编写或选用教材，教材应充分体现任务引领、实践导向课程的设计思想。

（2）教材应将本专业职业活动分解成5个典型的工作项目，按完成工作项目的需要和岗位操作规程，结合职业技能证书考证组织教材内容。要通过讲解演示、模拟仿真、理实一体教学并运用所学知识进行评价，引入必需的理论知识，增加实践实操内容，强调理论在实践过程中的应用。

（3）教材应图文并茂，提高学生的学习兴趣，加深学生对PLC控制及应用的认识和理解。教材表达必须精练、准确、科学。

（4）教材内容应体现先进性、通用性、实用性，要将本专业新技术、新工艺、新材料及时地纳入教材，使教材更贴近本专业的发展和实际需要。

（5）教材中活动设计的内容要具体，并具有可操作性。

5.2　教学建议

（1）在教学过程中，应立足于加强学生实际操作能力的培养，采用项目教学法，以任务驱动方式进行，提高学生的学习兴趣，激发学生的成就动机。

（2）本课程教学的关键是现场教学，应选用典型PLC控制实例为载体，在教学过程中，教师示范和学生分组讨论、训练互动，学生提问与教师解答、指导有机结合，让学生在"教"与"学"过程中，会进行现场PLC的编程及调试。

（3）在教学过程中，创设工作情景，同时应加大实践操作的容量，要紧密结合职业技能证书的考证，加强考证实操项目的训练，在实践实操过程中，使学生掌握如何根据现场实际要求进行PLC的程序编写调试，提高学生适应岗位的能力。

（4）在教学过程中，贴近企业、贴近生产，重视本专业领域新技术、新工艺、新材料发展趋势，为学生提供职业生涯发展的空间，努力培养学生参与社会实践的创新精神和职业能力。

（5）教学过程中教师应积极引导学生提升职业素养，提高职业道德。

5.3　教学评价

（1）改革传统的评价手段和方法，采用每完成一个任务就阶段评价，每完成一个项目就目标评价，注重过程性评价的重要性。

（2）关注评价的多元性，结合课堂提问、学生作业、任务训练情况、技能过手情况、任务阶段测验、项目目标考核作为平时成绩，占总成绩的 70%；理论考试和实际操作作为期末成绩，其中理论考试占 30%，实际操作考试占 70%，占总成绩的 30%。

（3）注重学生动手能力和实践中分析问题、解决问题能力的考核，对在学习和应用上有创新的学生应予以特别鼓励，全面综合评价学生能力。

5.4　课程资源

（1）注重实训指导书和实训教材的开发和应用。

（2）注重课程资源和现代化教学资源的开发和利用，如多媒体的应用，这些资源有利于创设形象生动的工作情景，激发学生的学习兴趣，促进学生对知识的理解和掌握。同时，建立多媒体课程资源的数据库，努力实现跨学校多媒体资源的共享，以提高课程资源利用效率。

（3）积极开发和利用网络课程资源，充分利用诸如电子书籍、电子期刊、数据库、数字图书馆、教育网站和电子论坛等网上信息资源，使教学从单一媒体向多种媒体转变；教学活动从信息的单向传递向双向交换转变；学生单独学习向合作学习转变。同时应积极创造条件搭建远程教学平台，扩大课程资源的交互空间。

（4）产学合作开发实训课程资源，充分利用校内外实训基地，进行产学合作，实践"工学"交替，满足学生的实习、实训，同时为学生的就业创造机会。

（5）建立本专业开放式实训中心，使之具备现场教学、实训、职业技能证书考证的功能，实现教学与实训合一、教学与培训合一、教学与考证合一，满足学生综合职业能力培养的要求。

5.5　其他说明

本课程标准适用于中职院校电子与信息技术专业电子产品生产方向、电子电器应用与维修方向、机电一体化方向。

"电视机原理与维修"课程标准

1 概　述

1.1　课程定位

　　本课程是中等职业学校电子与信息技术专业的一门专业方向课程,是根据家用电器维修行业、生产厂家的工作岗位能力要求所开设的家用电器技术基础与维修技术的一门主干课程,是从事家用电器维修行业、电子产品生产岗位工作的必修课程。其主要功能是让学生掌握常见电视机的原理,常用电视机的安装、调试使用、检测和维修,训练学生对电视机的检修具有良好的故障分析思维能力。

　　前导课程有电工技术基础、电工技能与实训、电子技术基础、电子技能与实训、电子CAD、单片机原理及应用、电动电热器具,还应与电子产品整机装配与调试、电子电器产品市场营销同时开设。以培养学生具备家用电子、电器产品维修、电子产品市场营销的岗位能力。

1.2　设计思路

　　本课程的设计思路主要依据"电子与信息技术专业工作任务与职业能力分析表"中电子产品维修中的电视机维修工作任务和学生职业生涯发展,构建项目化课程,并以此确定课程目标、设计课程内容。以"工作项目"为主线,采用任务驱动的项目教学法,创设工作情景,结合职业技能证书考证,培养学生的实践动手能力。本课程按照电视机的组装、日常维护和常见故障处理这一工作程序设计学习过程,选择具有代表性的电视机等新产品为载体组织课程内容。让学生逐步形成电视机生产、调试、维修及产品的销售相关职业能力。

　　本课程的目的是培养能够胜任电视机生产、调试、维修及产品销售工作岗位的中级技能型人才。本课程紧密结合职业资格证相关要求和身心发展特点、技能人才培养规律的要求,根据行业专家对电子电器应用与维修专业所涵盖的岗位群进行的任务和职业能力分析,得出知识、技能、态度3个方面的13条总体课程目标和具体目标。这13条目标分别涉及的是电视机的原理、组装、日常维护和常见故障处理及形成规范操作、安全文明生产意识。教材编写、教师授课、教学评价都应在这一目标定位上进行。

依据上述课程目标定位,本课程从知识、技能、态度 3 个方面对课程内容进行规划与设计。使课程内容更好地与家用电器维修、电子产品生产岗位对接。

本课程是一门以操作技能为核心内容的课程,其教学以"工作项目"为主线,采用任务驱动的项目教学法,创设工作情景。教学可在实训室、电器维修站、电视机产品生产线情境中进行。可设计的项目包括电视机维修基础知识、电视机的组装、日常维护和常见故障处理等。

每一个项目的学习都以家用电器维修工的工作任务为载体设计的活动来进行,以工作任务为中心整合所需相关理论与实践,实现"做中学",给学生提供更多的动手机会,让学生具备电视机的拆卸、组装、故障诊断与维修及产品销售等相关职业能力。

本课程总课时为 72 学时,建议在第四学期开设。

2 课程目标

通过本课程的学习,使学生具有从事电子电器应用与维修专业所涵盖的岗位群工作所需要的知识、技能和态度,培养具有中级家电维修工职业资格的技能型人才。

2.1 知识目标

- 能分析电视机的结构和工作原理;
- 能够说明电视机的常见故障及故障的诊断、维修方法;
- 能说明电视机的选购、使用、安装和维护方法;
- 能够描述电视机等新产品的特点和发展方向。

2.2 技能目标

- 能看懂电视机的说明书及产品电路图或框图;
- 会常用的仪器仪表、工具的使用;
- 会电视机的选购、使用、日常维护;
- 会正确拆装电视机;
- 能排除电视机常见故障。

2.3　情感态度目标

- 养成安全用电与节能减排的习惯；
- 养成诚实、守信、吃苦耐劳的品德；
- 具有善于与电器客户沟通和能与维修工作人员进行良好团队合作的品质；
- 具备爱岗敬业的职业道德意识。

3　课程内容和要求

序号	工作任务	知识要求	技能要求	情感态度要求	参考学时
1	红岩SQ-352B型黑白电视机常见故障的解析和维修	• 能分析黑白电视机的结构和工作原理； • 能说明黑白电视机的选购、使用、组装和日常维护方法； • 能够描述黑白电视机的常见故障及故障的诊断、维修方法。	• 能看懂黑白电视机的说明书及产品电路图或框图。 • 会使用常用的仪器仪表、工具进行元器件检测和故障检修。 • 会黑白电视机的选购、使用、日常维护。 • 会正确拆装黑白电视机。 • 能排除黑白电视机常见故障，包括：有光栅，有伴音，无图像；无光栅，有伴音；水平一条亮线，有伴音；有光栅，无声音，无图像等。 • 会填写维修报告。	• 养成安全用电与节能减排的习惯； • 养成诚实、守信、吃苦耐劳的品德； • 具有善于与电器客户沟通和能与维修工作人员进行良好团队合作的品质； • 具备爱岗敬业的职业道德意识。	17
2	长虹H2158K彩色电视机常见故障的解析和维修	• 能分析彩色电视机的结构和工作原理； • 能说明彩色电视机的选购、使用、组装和日常维护方法； • 能够描述彩色电视机的常见故障及故障的诊断、维修方法。	• 能看懂彩色电视机的说明书及产品电路图或框图。 • 会使用常用的仪器仪表、工具进行元器件检测和故障检修。 • 会彩色电视机的选购、使用、日常维护。 • 会正确拆装彩色电视机。	• 养成安全用电与节能减排的习惯； • 养成诚实、守信、吃苦耐劳的品德； • 具有善于与电器客户沟通和能与维修工作人员进行良好团队合作的品质； • 具备爱岗敬业的职业道德意识。	17

续表

序号	工作任务	知识要求	技能要求	情感态度要求	参考学时
2	长虹H2158K彩色电视机常见故障的解析和维修		• 能排除彩色电视机常见故障,包括:无光栅,有伴音;有光栅,无图像;无图像,伴音不正常;水平一条亮线;光栅亮度不均匀;垂直一条亮线,图像扭曲,屏幕有回扫线;偏色、缺色、单色;有色斑;画面出现伴音干扰条纹;无彩色;三无现象(无图像、无光栅、无伴音)等。 • 会填写维修报告。		
3	康佳PDP4218等离子体电视机常见故障的解析和维修	• 能分析等离子体电视机的结构和工作原理; • 能说明等离子体电视机的选购、使用、组装和日常维护方法; • 能够概述等离子体电视机的常见故障及故障的诊断、维修方法。	• 能看懂等离子体电视机的说明书及产品电路图或框图。 • 会等离子体电视机的选购、使用、日常维护。 • 会使用常用的仪器仪表、工具进行元器件检测和故障检修。 • 会正确拆装等离子体电视机。 • 能排除等离子体电视机常见故障,包括:图像异常、图像不良、白场黑白相间、字符异常、绿场、蓝场闪烁和菜单、字符抖动;AV无信号;自动待机,不开机等。 • 会填写维修报告。	• 养成安全用电与节能减排的习惯; • 养成诚实、守信、吃苦耐劳的品德; • 具有善于与电器客户沟通和能与维修工作人员进行良好团队合作的品质; • 具备爱岗敬业的职业道德意识。	17
4	康佳2008液晶电视机常见故障的解析和维修	• 能分析液晶电视机的结构和工作原理; • 能说明液晶电视机的选购、使用、组装和日常维护方法; • 能够描述液晶电视机的常见故障及故障的诊断、维修方法。	• 能看懂液晶电视机的说明书及产品电路图或框图。 • 会使用常用的仪器仪表、工具进行元器件检测和故障检修。 • 会液晶电视机的选购、使用、日常维护。 • 会正确拆装液晶电视机。	• 养成安全用电与节能减排的习惯; • 养成诚实、守信、吃苦耐劳的品德; • 具有善于与电器客户沟通和能与维修工作人员进行良好团队合作的品质; • 具备爱岗敬业的职业道德意识。	17

续表

序号	工作任务	知识要求	技能要求	情感态度要求	参考学时
4	康佳PDP4218等离子体电视机常见故障的解析和维修		• 能排除液晶电视机常见故障，包括：开机出现无图像无声音；出现开机一个小时后花屏（马赛克），声音正常；开机三无现象，电源灯不亮；灯闪不能开机等。 • 会填写维修报告。		
	机动（考核）				4
	合　计				72

4　教学活动设计

序号	工作任务	教学活动	参考学时
1	红岩SQ-352B型黑白电视机常见故障的解析和维修	（一）动员 1. 教学目标 （1）知识目标 • 能分析红岩 SQ-352B 型黑白电视机的结构和工作原理； • 能说明黑白电视机的选购、使用、组装和日常维护方法； • 能够描述红岩 SQ-352B 型黑白电视机常见故障的解析及故障的诊断、维修方法。 （2）技能目标 • 能看懂红岩 SQ-352B 型黑白电视机的说明书及产品电路图或框图； • 会使用常用的仪器仪表、工具进行故障检修； • 会黑白电视机的选购、使用、日常维护； • 会正确拆装红岩 SQ-352B 型黑白电视机； • 能排除红岩 SQ-352B 型黑白电视机常见故障； • 会填写维修报告。 （3）情感态度目标 • 具有规范操作、安全文明生产意识； • 养成诚实、守信、吃苦耐劳的品德；	17

续表

序号	工作任务	教学活动	参考学时
1	红岩SQ-352B型黑白电视机常见故障的解析和维修	● 具有优质的服务意识； ● 具有善于与电器客户良好沟通的能力； ● 具有与维修工作人员进行良好团队合作的品质； ● 具有爱岗敬业的职业道德意识。 2.教学组织形式 在家用电器产品维修实训室进行,采用先集中讲解、演示,后分组练习指导 3.教学场所:家用电器产品维修实训室 4.教学形式:分组教学 5.学习方法指导 (1)教法:集中讲解、演示,分组指导、检查 (2)学法:讨论、练习、询问 (二)训练 任务一 分析红岩SQ-352B型黑白电视机的结构和工作原理 　情景一:PPT展示红岩SQ-352B型黑白电视机的外观、结构组成和产品框图 　情景二:实物展示红岩SQ-352B型黑白电视机的外观、结构 　情景三:引导分析电路图和工作原理 　情景四:分析特殊元件的结构和工作原理 　第1步:老师分析特殊元件的结构和工作原理 　第2步:老师演示特殊元件的检测方法 　第3步:学生模拟检测元件 小组展示 根据电路图口述工作原理 检测元件 任务评价 小组排故训练评价表 评价表(见下)	

小组排故训练评价表

评价目标	评价项目	分值	评分
知识、技能目标(通过书面、观察、结果)	任务书完成情况	5	
	计划书完成情况	5	
	故障判断情况	10	
	故障检修情况	20	
	故障排除情况	20	
	维修报告填写情况	10	
态度目标(通过观察)	规范操作、安全文明	10	
	团队协作	10	
	主动学习	10	

续表

序号	工作任务	教学活动	参考学时
1	红岩SQ-352B型黑白电视机常见故障的解析和维修	**任务二 黑白电视机的选购、使用和日常维护** 　　情景一:学生小组讨论学习材料 　　情景二:小组创设消费者购买情景,从情景中学到黑白电视机的选购、使用和日常维护方法 小组评价	

小组训练评价表

评价目标	评价项目	分值	评分
知识、技能目标(通过书面、观察、结果)	任务书完成情况	5	
	计划书完成情况	5	
	推销情况	60	
态度目标(通过观察)	规范操作、安全文明	10	
	团队协作	10	
	主动学习	10	

任务三 拆装红岩SQ-352B型黑白电视机
　　情景一:演示红岩SQ-352B型黑白电视机实物的拆装
　　情景二:小组练习拆装红岩SQ-352B型黑白电视机
小组拆装展示、点评

小组排故训练评价表

评价目标	评价项目	分值	评分
知识、技能目标(通过书面、观察、结果)	任务书完成情况	5	
	计划书完成情况	5	
	故障判断情况	10	
	故障检修情况	20	
	故障排除情况	20	
	维修报告填写情况	10	
态度目标(通过观察)	规范操作、安全文明	10	
	团队协作	10	
	主动学习	10	

续表

序号	工作任务	教学活动	参考学时
1	红岩SQ-352B型黑白电视机常见故障的解析和维修	任务四　黑白电视机常见故障的解析及检修 　　情景一:红岩SQ-352B型黑白电视机常见故障之一——有光栅,有伴音,无图像 　　第1步:学生观察红岩SQ-352B型黑白电视机的故障现象(实物预先设置故障) 　　第2步:小组讨论学习材料并完成故障的解析、诊断、维修方法的《任务分析书》 　　第3步:老师解析各组《任务分析书》 　　第4步:小组制作《检修计划书》,教师审定《检修计划书》 　　第5步:小组合作排除故障并填写维修报告 　　情景二:红岩SQ-352B型黑白电视机的常见故障之二——水平一条亮线 　　第1步:学生观察红岩SQ-352B型黑白电视机的故障现象(实物预先设置故障) 　　第2步:小组讨论学习材料并完成故障的解析、诊断、维修方法的《任务分析书》 　　第3步:老师解析各组《任务分析书》 　　第4步:小组制作《检修计划书》,教师审定《检修计划书》 　　第5步:小组合作排除故障并填写维修报告 　　情景三:红岩SQ-352B型黑白电视机的常见故障之三——无光栅,无伴音,无图像 　　第1步:学生观察红岩SQ-352B型黑白电视机的故障现象(实物预先设置故障) 　　第2步:小组讨论学习材料并完成故障的解析、诊断、维修方法的《任务分析书》 　　第3步:师生解析各组《任务分析书》 　　第4步:小组制作《检修计划书》,教师审定《检修计划书》 　　第5步:小组合作排除故障并填写维修报告 　　情景四:小组总结排故中遇到的问题和解决问题的方法(口述) 　　情景五:播放《红岩SQ-352B型黑白电视机的常见故障解析和维修》视频 　　情景六:综合排故考核 　　第1步:小组互设故障 　　第2步:小组填写排除故障《任务分析书》和《计划书》 　　第3步:小组合作排除故障并填写维修报告 　　第4步:清晰地口述故障诊断的过程和依据	

续表

序号	工作任务	教学活动	参考学时
1	红岩SQ-352B型黑白电视机常见故障的解析和维修	任务评价 **小组排故训练评价表** （见下表） （三）鉴定 **项目综合鉴定表** （见下表） （四）拓展 （1）提供链接网站 （2）提供相关网络视频 （3）《家用电器产品维修》杂志 （4）不同型号产品的说明书	

任务评价

小组排故训练评价表

评价目标	评价项目	分值	评分
知识、技能目标（通过书面、观察、结果）	任务书完成情况	5	
	计划书完成情况	5	
	故障判断情况	10	
	故障检修情况	20	
	故障排除情况	20	
	维修报告填写情况	10	
态度目标（通过观察）	规范操作、安全文明	10	
	团队协作	10	
	主动学习	10	

（三）鉴定

项目综合鉴定表

鉴定环节	鉴定项目	分值	得分
任务一	口述红岩SQ-352B型黑白电视机的结构和工作原理	5	
任务二	创设黑白电视机的选购、使用和日常维护的情景	5	
任务三	红岩SQ-352B型黑白电视机拆装展示	10	
任务四	过程排故（小组排故训练过程的平均分×30%）	30	
	综合考核排故（综合考核排故评分×50%）	50	
鉴定等级	备注：60分以下为不合格；60～70分为中；70～80分为良；80分以上为优秀		

（四）拓展
（1）提供链接网站
（2）提供相关网络视频
（3）《家用电器产品维修》杂志
（4）不同型号产品的说明书

续表

序号	工作任务	教学活动	参考学时
2	长虹 H2158K 彩色电视机常见故障的解析和维修	(一)动员 1. 教学目标 (1)知识目标 • 能分析长虹 H2158K 彩色电视机的结构和工作原理; • 能说明彩色电视机的选购、使用、组装和日常维护方法; • 能够描述长虹 H2158K 彩色电视机常见故障的解析及故障的诊断、维修方法。 (2)技能目标 • 能看懂长虹 H2158K 彩色电视机的说明书及产品电路图或框图; • 会使用常用的仪器仪表、工具进行故障检修; • 会长虹 H2158K 彩色电视机的选购、使用、日常维护; • 会正确拆装长虹 H2158K 彩色电视机; • 能排除长虹 H2158K 彩色电视机常见故障; • 会填写维修报告。 (3)情感态度目标 • 具有规范操作、安全文明生产意识; • 养成诚实、守信、吃苦耐劳的品德; • 具有优质的服务意识; • 具有善于与电器客户良好沟通的能力; • 具有与维修工作人员进行良好团队合作的品质; • 具有爱岗敬业的职业道德意识。 2. 教学组织形式 在家用电器产品维修实训室进行,采用先集中讲解、演示,后分组练习指导 3. 教学场所:家用电器产品维修实训室 4. 教学形式:分组教学 5. 学习方法指导 (1)教法:集中讲解、演示,分组指导、检查 (2)学法:讨论、练习、询问 (二)训练 任务一　分析长虹 H2158K 彩色电视机的结构和工作原理 　　情景一:PPT 展示长虹 H2158K 彩色电视机的外观、结构组成和产品框图 　　情景二:实物展示长虹 H2158K 彩色电视机的外观、结构 　　情景三:引导分析电路图和工作原理	17

续表

序号	工作任务	教学活动	参考学时
2	长虹H2158K彩色电视机常见故障的解析和维修	情景四:分析特殊元件的结构和工作原理 第1步:老师分析特殊元件的结构和工作原理 第2步:老师演示特殊元件的检测方法 第3步:学生模拟检测元件 小组展示 根据电路图口述工作原理 检测元件 评价 小组排故训练评价表 任务二　彩色电视机的选购、使用和日常维护 情景一:学生小组讨论学习材料 情景二:小组创设消费者购买情景,从情景中学到彩色电视机的选购、使用和日常维护方法 小组评价 小组训练评价表	

小组排故训练评价表

评价目标	评价项目	分值	评分
知识、技能目标(通过书面、观察、结果)	任务书完成情况	5	
	计划书完成情况	5	
	故障判断情况	10	
	故障检修情况	20	
	故障排除情况	20	
	维修报告填写情况	10	
态度目标(通过观察)	规范操作、安全文明	10	
	团队协作	10	
	主动学习	10	

小组训练评价表

评价目标	评价项目	分值	评分
知识、技能目标(通过书面、观察、结果)	任务书完成情况	5	
	计划书完成情况	5	
	推销情况	60	
态度目标(通过观察)	规范操作、安全文明	10	
	团队协作	10	
	主动学习	10	

序号	工作任务	教学活动	参考学时
2	长虹 H2158K 彩色电视机常见故障的解析和维修	**任务三　拆装长虹 H2158K 彩色电视机** 　　情景一:演示长虹 H2158K 彩色电视机实物的拆装 　　情景二:小组练习拆装长虹 H2158K 彩色电视机 　小组拆装展示、点评 （见下方评价表） **任务四　长虹 H2158K 彩色电视机常见故障的解析及检修** 　　情景一:长虹 H2158K 彩色电视机的常见故障之一——画面出现伴音干扰条纹 　　第1步:学生观察长虹 H2158K 彩色电视机的故障现象(实物预先设置故障) 　　第2步:小组讨论学习材料并完成故障的解析、诊断、维修方法的《任务分析书》 　　第3步:老师解析各组《任务分析书》 　　第4步:小组制作《检修计划书》,教师审定《检修计划书》 　　第5步:小组合作排除故障并填写维修报告 　　情景二:长虹 H2158K 彩色电视机的常见故障之二——无彩色 　　第1步:学生观察长虹 H2158K 彩色电视机的故障现象(实物预先设置故障) 　　第2步:小组讨论学习材料并完成故障的解析、诊断、维修方法的《任务分析书》 　　第3步:老师解析各组《任务分析书》 　　第4步:小组制作《检修计划书》,教师审定《检修计划书》 　　第5步:小组合作排除故障并填写维修报告 　　情景三:长虹 H2158K 彩色电视机的常见故障之三——图像扭曲 　　第1步:学生观察长虹 H2158K 彩色电视机的故障现象(实物预先设置故障)	

小组排故训练评价表

评价目标	评价项目	分值	评分
知识、技能目标(通过书面、观察、结果)	任务书完成情况	5	
	计划书完成情况	5	
	故障判断情况	10	
	故障检修情况	20	
	故障排除情况	20	
	维修报告填写情况	10	
态度目标(通过观察)	规范操作、安全文明	10	
	团队协作	10	
	主动学习	10	

续表

序号	工作任务	教学活动	参考学时
2	长虹 H2158K 彩色电视机常见故障的解析和维修	第2步:小组讨论学习材料并完成故障的解析、诊断、维修方法的《任务分析书》 第3步:师生解析各组《任务分析书》 第4步:小组制作《检修计划书》,教师审定《检修计划书》 第5步:小组合作排除故障并填写维修报告 情景四:小组总结排故中遇到的问题和解决问题的方法(口述) 情景五:播放《长虹 H2158K 彩色电视机的常见故障解析和维修》视频 情景六:综合排故考核 第1步:小组互设故障 第2步:小组填写排除故障《任务分析书》和《计划书》 第3步:小组合作排除故障并填写维修报告 第4步:清晰地口述故障诊断的过程和依据	

任务评价

小组排故训练评价表

评价目标	评价项目	分值	评分
知识、技能目标(通过书面、观察、结果)	任务书完成情况	5	
	计划书完成情况	5	
	故障判断情况	10	
	故障检修情况	20	
	故障排除情况	20	
	维修报告填写情况	10	
态度目标(通过观察)	规范操作、安全文明	10	
	团队协作	10	
	主动学习	10	

(三)鉴定

项目综合鉴定表

鉴定环节	鉴定项目	分值	得分
任务一	口述长虹 H2158K 彩色电视机的结构和工作原理	5	
任务二	创设彩色电视机的选购、使用和日常维护的情景	5	
任务三	长虹 H2158K 彩色电视机的拆装展示	10	
任务四	过程排故(小组排故训练过程的平均分×30%)	30	
	综合考核排故(综合考核排故评分×50%)	50	
鉴定等级	备注:60 分以下为不合格;60～70 分为中;70～80 分为良;80 分以上为优秀		

续表

序号	工作任务	教学活动	参考学时
2	长虹H2158K彩色电视机常见故障的解析和维修	（四）拓展 （1）提供链接网站 （2）提供相关网络视频 （3）《家用电器产品维修》杂志 （4）不同型号产品的说明书	
3	康佳PDP4218等离子体电视机常见故障的解析和维修	（一）动员 1. 教学目标 （1）知识目标 • 能分析康佳PDP4218等离子体电视机的结构和工作原理； • 能说明等离子体电视机的选购、使用、组装和日常维护方法； • 能够描述康佳PDP4218等离子体电视机常见故障的解析及故障的诊断、维修方法。 （2）技能目标 • 能看懂康佳PDP4218等离子体电视机的说明书及产品电路图或框图； • 会使用常用的仪器仪表、工具进行故障检修； • 会等离子体电视机的选购、使用、日常维护； • 会正确拆装康佳PDP4218等离子体电视机； • 能排除康佳PDP4218等离子体电视机常见故障； • 会填写维修报告。 （3）情感态度目标 • 具有规范操作、安全文明生产意识； • 养成诚实、守信、吃苦耐劳的品德； • 具有优质的服务意识； • 具有善于与电器客户良好沟通的能力； • 具有与维修工作人员进行良好团队合作的品质； • 具有爱岗敬业的职业道德意识。 2. 教学组织形式 在家用电器产品维修实训室进行，采用先集中讲解、演示，后分组练习指导 3. 教学场所：家用电器产品维修实训室 4. 教学形式：分组教学	17

续表

序号	工作任务	教学活动	参考学时
3	康佳PDP4218等离子体电视机常见故障的解析和维修	5.学习方法指导 （1）教法：集中讲解、演示，分组指导、检查 （2）学法：讨论、练习、询问 （二）训练 **任务一 分析康佳PDP4218等离子体电视机的结构和工作原理** 情景一：PPT展示康佳PDP4218等离子体电视机的外观、结构组成和产品框图 情景二：实物展示康佳PDP4218等离子体电视机的外观、结构 情景三：引导分析电路图和工作原理 情景四：分析特殊元件的结构和工作原理 第1步：老师分析特殊元件的结构和工作原理 第2步：老师演示特殊元件的检测方法 第3步：学生模拟检测元件 小组展示 根据电路图口述工作原理 检测元件 评价 小组排故训练评价表

评价目标	评价项目	分值	评分
知识、技能目标（通过书面、观察、结果）	任务书完成情况	5	
	计划书完成情况	5	
	故障判断情况	10	
	故障检修情况	20	
	故障排除情况	20	
	维修报告填写情况	10	
态度目标（通过观察）	规范操作、安全文明	10	
	团队协作	10	
	主动学习	10	

任务二 等离子体电视机的选购、使用和日常维护
情景一：学生小组讨论学习材料
情景二：小组创设消费者购买情景，从情景中学到等离子体电视机的选购、使用和日常维护方法

续表

序号	工作任务	教学活动	参考学时
3	康佳PDP4218等离子体电视机常见故障的解析和维修	小组评价	

小组评价

小组训练评价表

评价目标	评价项目	分值	评分
知识、技能目标(通过书面、观察、结果)	任务书完成情况	5	
	计划书完成情况	5	
	推销情况	60	
态度目标(通过观察)	规范操作、安全文明	10	
	团队协作	10	
	主动学习	10	

任务三　拆装康佳 PDP4218 等离子体电视机

情景一:演示康佳 PDP4218 等离子体电视机实物的拆装

情景二:小组练习拆装康佳 PDP4218 等离子体电视机

小组拆装展示、点评

小组排故训练评价表

评价目标	评价项目	分值	评分
知识、技能目标(通过书面、观察、结果)	任务书完成情况	5	
	计划书完成情况	5	
	故障判断情况	10	
	故障检修情况	20	
	故障排除情况	20	
	维修报告填写情况	10	
态度目标(通过观察)	规范操作、安全文明	10	
	团队协作	10	
	主动学习	10	

任务四　等离子体电视机常见故障的解析及检修

情景一:康佳 PDP4218 等离子体电视机的常见故障之一——字符抖动

第1步:学生观察康佳 PDP4218 等离子体电视机的故障现象(实物预先设置故障)

第2步:小组讨论学习材料并完成故障的解析、诊断、维修方法的《任务分析书》

续表

序号	工作任务	教学活动	参考学时
3	康佳PDP4218等离子体电视机常见故障的解析和维修	第3步：老师解析各组《任务分析书》 第4步：小组制作《检修计划书》，教师审定《检修计划书》 第5步：小组合作排除故障并填写维修报告 情景二：康佳PDP4218等离子体电视机的常见故障之二——AV无信号 第1步：学生观察康佳PDP4218等离子体电视机的故障现象（实物预先设置故障） 第2步：小组讨论学习材料并完成故障的解析、诊断、维修方法的《任务分析书》 第3步：老师解析各组《任务分析书》 第4步：小组制作《检修计划书》，教师审定《检修计划书》 第5步：小组合作排除故障并填写维修报告 情景三：康佳PDP4218等离子体电视机常见故障之三——自动待机、不开机 第1步：学生观察康佳PDP4218等离子体电视机的故障现象（实物预先设置故障） 第2步：小组讨论学习材料并完成故障的解析、诊断、维修方法的《任务分析书》 第3步：师生解析各组《任务分析书》 第4步：小组制作《检修计划书》，教师审定《检修计划书》 第5步：小组合作排除故障并填写维修报告 情景四：小组总结排故中遇到的问题和解决问题的方法（口述） 情景五：播放《康佳PDP4218等离子体电视机的常见故障解析和维修》视频 情景六：综合排故考核 第1步：小组互设故障 第2步：小组填写排除故障《任务分析书》和《计划书》 第3步：小组合作排除故障并填写维修报告 第4步：清晰地口述故障诊断的过程和依据 任务评价	

小组排故训练评价表

评价目标	评价项目	分值	评分
知识、技能目标（通过书面、观察、结果）	任务书完成情况	5	
	计划书完成情况	5	
	故障判断情况	10	
	故障检修情况	20	
	故障排除情况	20	
	维修报告填写情况	10	
态度目标（通过观察）	规范操作、安全文明	10	
	团队协作	10	
	主动学习	10	

续表

序号	工作任务	教学活动	参考学时
3	康佳PDP4218等离子体电视机常见故障的解析和维修	（三）鉴定 项目综合鉴定表 | 鉴定环节	鉴定项目	分值	得分
任务一	口述康佳PDP4218等离子体电视机的结构和工作原理	5	
任务二	创设等离子体电视机的选购、使用和日常维护的情景	5	
任务三	康佳PDP4218等离子体电视机拆装展示	10	
任务四	过程排故（小组排故训练过程的平均分×30%）	30	
	综合考核排故（综合考核排故评分×50%）	50	
鉴定等级	备注：60分以下为不合格；60～70分为中；70～80分为良；80分以上为优秀			 （四）拓展 （1）提供链接网站 （2）提供相关网络视频 （3）《家用电器产品维修》杂志 （4）不同型号产品的说明书	
4	康佳2008液晶电视机常见故障的解析和维修	（一）动员 1.教学目标 （1）知识目标 • 能分析康佳2008液晶电视机的结构和工作原理； • 能说明液晶电视机的选购、使用、组装和日常维护方法； • 能够描述康佳2008液晶电视机常见故障的解析及故障的诊断、维修方法。 （2）技能目标 • 能看懂液晶电视机的说明书及产品电路图或框图； • 会使用常用的仪器仪表、工具进行故障检修； • 会液晶电视机的选购、使用、日常维护；	17

续表

序号	工作任务	教学活动	参考学时
4	康佳2008液晶电视机常见故障的解析和维修	●会正确拆装康佳2008液晶电视机； ●能排除康佳2008液晶电视机常见故障； ●会填写维修报告。 （3）情感态度目标 ●具有规范操作、安全文明生产意识； ●养成诚实、守信、吃苦耐劳的品德； ●具有优质的服务意识； ●具有善于与电器客户良好沟通的能力； ●具有与维修工作人员进行良好团队合作的品质； ●具有爱岗敬业的职业道德意识。 2.教学组织形式 在家用电器产品维修实训室进行,采用先集中讲解、演示,后分组练习指导 3.教学场所:家用电器产品维修实训室 4.教学形式:分组教学 5.学习方法指导 （1）教法:集中讲解、演示,分组指导、检查 （2）学法:讨论、练习、询问 （二）训练 任务一　分析康佳2008液晶电视机的结构和工作原理 　　情景一:PPT展示康佳2008液晶电视机的外观、结构组成和产品框图 　　情景二:实物展示康佳2008液晶电视机的外观、结构 　　情景三:引导分析电路图和工作原理 　　情景四:分析特殊元件的结构和工作原理 　　第1步:老师分析特殊元件的结构和工作原理 　　第2步:老师演示特殊元件的检测方法 　　第3步:学生模拟检测元件 小组展示 根据电路图口述工作原理 检测元件 任务评价	

序号	工作任务	教学活动	参考学时
4	康佳2008液晶电视机常见故障的解析和维修	小组排故训练评价表 小组排故训练评价表 任务二 液晶电视机的选购、使用和日常维护 　情景一：学生小组讨论学习材料 　情景二：小组创设消费者购买情景，从情景中学到常用联想手机的选购、使用和日常维护方法 小组评价 小组训练评价表 任务三 拆装康佳2008液晶电视机 　情景一：演示康佳2008液晶电视机实物的拆装 　情景二：小组练习拆装康佳2008液晶电视机	

小组排故训练评价表

评价目标	评价项目	分值	评分
知识、技能目标（通过书面、观察、结果）	任务书完成情况	5	
	计划书完成情况	5	
	故障判断情况	10	
	故障检修情况	20	
	故障排除情况	20	
	维修报告填写情况	10	
态度目标（通过观察）	规范操作、安全文明	10	
	团队协作	10	
	主动学习	10	

任务二 液晶电视机的选购、使用和日常维护

　情景一：学生小组讨论学习材料

　情景二：小组创设消费者购买情景，从情景中学到常用联想手机的选购、使用和日常维护方法

小组评价

小组训练评价表

评价目标	评价项目	分值	评分
知识、技能目标（通过书面、观察、结果）	任务书完成情况	5	
	计划书完成情况	5	
	推销情况	60	
态度目标（通过观察）	规范操作、安全文明	10	
	团队协作	10	
	主动学习	10	

任务三 拆装康佳2008液晶电视机

　情景一：演示康佳2008液晶电视机实物的拆装

　情景二：小组练习拆装康佳2008液晶电视机

续表

序号	工作任务	教学活动	参考学时
4	康佳2008液晶电视机常见故障的解析和维修	小组拆装展示、点评 **小组排故训练评价表** （见下表） **任务四　康佳2008液晶电视机常见故障的解析及检修** 情景一：康佳2008液晶电视机常见故障之一——出现开机一个小时后花屏（马赛克），声音正常 第1步：学生观察联想手机的故障现象（实物预先设置故障） 第2步：小组讨论学习材料并完成故障的解析、诊断、维修方法的《任务分析书》 第3步：老师解析各组《任务分析书》 第4步：小组制作《检修计划书》，教师审定《检修计划书》 第5步：小组合作排除故障并填写维修报告 情景二：康佳2008液晶电视机的常见故障之二——开机三无现象，电源灯不亮 第1步：学生观察联想手机的故障现象（实物预先设置故障） 第2步：小组讨论学习材料并完成故障的解析、诊断、维修方法的《任务分析书》 第3步：老师解析各组《任务分析书》 第4步：小组制作《检修计划书》，教师审定《检修计划书》 第5步：小组合作排除故障并填写维修报告 情景三：康佳2008液晶电视机的常见故障之三——灯闪不能开机 第1步：学生观察联想手机的故障现象（实物预先设置故障） 第2步：小组讨论学习材料并完成故障的解析、诊断、维修方法的《任务分析书》 第3步：师生解析各组《任务分析书》	

小组排故训练评价表

评价目标	评价项目	分值	评分
知识、技能目标（通过书面、观察、结果）	任务书完成情况	5	
	计划书完成情况	5	
	故障判断情况	10	
	故障检修情况	20	
	故障排除情况	20	
	维修报告填写情况	10	
态度目标（通过观察）	规范操作、安全文明	10	
	团队协作	10	
	主动学习	10	

序号	工作任务	教学活动	参考学时
4	康佳2008液晶电视机常见故障的解析和维修	第4步:小组制作《检修计划书》,教师审定《检修计划书》 第5步:小组合作排除故障并填写维修报告 情景四:小组总结排故中遇到的问题和解决问题的方法(口述) 情景五:播放《康佳2008液晶电视机的常见故障解析和维修》视频 情景六:综合排故考核 第1步:小组互设故障 第2步:小组填写排除故障《任务分析书》和《计划书》 第3步:小组合作排除故障并填写维修报告 第4步:清晰地口述故障诊断的过程和依据 任务评价 小组排故训练评价表 	评价目标	评价项目	分值	评分
知识、技能目标(通过书面、观察、结果)	任务书完成情况	5	
	计划书完成情况	5	
	故障判断情况	10	
	故障检修情况	20	
	故障排除情况	20	
	维修报告填写情况	10	
态度目标(通过观察)	规范操作、安全文明	10	
	团队协作	10	
	主动学习	10	| (三)鉴定 项目综合鉴定表 | 鉴定环节	鉴定项目	分值	得分
任务一	口述康佳2008液晶电视机的结构和工作原理	5	
任务二	创设液晶电视机的选购、使用和日常维护的情景	5	
任务三	康佳2008液晶电视机拆装展示	10	
任务四	过程排故(小组排故训练过程的平均分×30%)	30	
	综合考核排故(综合考核排故评分×50%)	50	
鉴定等级	备注:60分以下为不合格;60~70分为中;70~80分为良;80分以上为优秀				

续表

序号	工作任务	教学活动	参考学时
4	康佳2008液晶电视机常见故障的解析和维修	（四）拓展 （1）提供链接网站 （2）提供相关网络视频 （3）《家用电器产品维修》杂志 （4）不同型号产品的说明书	

5 实施建议

5.1 教材编写或选用

（1）严格依据本课程标准编写或选用教材，并以电子电器初、中级维修工有关行业国家职业标准来设计。

（2）教材思想：应充分体现任务引领、实践导向课程的设计思想。

（3）教材内容：应充分体现家用电器维修、家电生产和家电产品销售行业要求，内容由简而繁、图文并茂、生动形象，教材要体现通用性、实用性、适用性、易用性、先进性；并注意突出应用、维修技能及新技术新工艺，特别是典型产品与流行产品。

（4）教材特点：根据家用电器产品维修的特点，以课程项目为主线，以工作任务为平台，以职业能力为要点，以技能训练为重点，凸显项目任务，体现项目与任务、知识与技能、内容与岗位的结合，强调工作过程。

5.2 教学方法

（1）主要的教学组织形式是实训室授课和小组合作学习。

（2）注意教学方法的灵活性，组织学生讨论、指导分析与实践等。培养学生发现问题、分析问题、解决问题的能力和探究意识。

（3）采用项目化教学方法，做到以真实任务激发学生的学习热情，以实际的工作过程调动学生兴趣。

（4）采用一体化教学方法，做到教学过程与工作过程一体化、知识学习与技能训练一体化。

（5）适当组织学生参与社会维修实践，培养学生实际操作的兴趣和动手能力。

（6）采用直观性教学方法：做到项目直观明确，训练过程清楚，工作任务清晰，教学范例直观。

（7）尽量利用多媒体上课。借助声像呈示，提供给学生一个动态的、声情并茂的学习环境，让学生充分调动自己的视觉、听觉等感官，由多途径获得多方面的信息。

5.3　教学评价

（1）改革传统的学生评价手段和方法，采用阶段评价、综合评价、考核鉴定三级评价的模式。

（2）关注评价的多元性，该课程教学评价应兼顾认知、技能、态度等多个方面，评价方法应采用多元评价方式，如观察、口试、笔试与实践等，教师可按单元模块的内容和性质，针对学生的职业素质、岗位风貌、主动学习、独立分析、客观判断、小组合作情况、任务分析书、训练过程、成果演示、技能竞赛及考核鉴定情况等进行综合评价。

（3）应兼顾学生的资质及原有认知能力，考虑其自身提高和进步程度。对在学习和应用上有创新的学生应予以特别鼓励，对于资质优异或能力强的学生可增加教学项目或项目难度，使其潜能获得充分发挥。对未通过评价的学生，教师应分析、诊断其原因，并适时实施补救教学，甚至有针对性地变通教学手段，如可对其慢慢引导，适当放缓进度要求。

5.4　课程资源

（1）注重实训时任务分析书的应用。

（2）建议加强课程资源的开发，建立诸如 PPT、仿真、图片等多媒体课程资源的数据库。有利于创设形象生动的工作情景，激发学生的学习兴趣，促进学生对知识的理解和掌握。

（3）积极开发和利用网络课程资源，充分利用诸如电视机相关维修视频、数字图书馆、电子论坛、数字资源平台等网上信息资源，使教学从单一媒体向多种媒体转变；使学生从单独的学习向工作学习转变。

（4）产学合作开发实验实训课程资源，充分利用本行业典型的生产企业资源进行产学合作，建立实习实训基地，实践"工学"交替，满足学生的实习实训，同时为学生的就业创造机会。

（5）建立本专业开放式实训中心，使之具备现场教学、实训、职业技能证书考证的功能，实现教学与实训合一、教学与培训合一、教学与考证合一，满足学生综合职业能力培养的要求。

5.5　其他说明

本课程标准适用于中职院校电子与信息技术专业电子电器应用与维修方向。

"电热电动器具原理与维修"课程标准

1 概　述

1.1　课程定位

　　本课程是中等职业学校电子与信息技术专业的一门专业方向课程,适用于中等职业学校电子与信息技术、电子技术应用、电子电器应用与维修类等专业,是从事家用电器维修、电子产品生产岗位工作的必修课程,其主要功能是让学生掌握常用电热、电动器具的安装、调试使用、检测和维修,训练学生对常用电热、电动器具的检修具有良好的故障分析思维能力。

　　前导课程有电工技术基础、电工技能与实训和电机拖动与控制,应与电子技术基础、电子 CAD 同时开设,其后序课程有单片机原理及应用、制冷制热技术、电动电热器具、电子产品整机装配与调试等。

1.2　设计思路

　　本课程的设计思路主要依据"电子与信息技术专业工作任务与职业能力分析表"中的电子产品检测与调试、电子产品维修等工作领域和学生职业生涯发展为主线,构建项目化课程,并以此确定课程目标、设计课程内容。本课程按照电热、电动器具设备的组装、日常维护和常见故障处理这一工作程序设计学习过程,选择具有代表性的电热与电动器具等新产品为载体组织课程内容。让学生逐步形成常用电热、电动器具生产、调试、维修及产品销售的相关职业能力。

　　本课程的目的是培养能够胜任常用电热、电动器具生产、调试、维修及产品销售工作岗位的中级技能型人才。本课程紧密结合职业资格证考试相关要求和学生身心发展特点、技能型人才培养规律的要求,根据行业专家对电子电器应用与维修专业所涵盖的岗位群进行的任务和职业能力分析,得出知识、技能、态度 3 个方面的十条总体课程目标和具体目标。这十条目标分别涉及电热、电动器具设备的组装、日常维护和常见故障处理,形成规范操作、安全文明生产意识。教材编写、教师授课、教学评价都应依据这一目标定位进行。

依据上述课程目标定位，本课程从知识、技能、态度3个方面对课程内容进行规划与设计。以使课程内容更好地与家用电器维修、电子产品生产岗位对接。

本课程是一门以操作技能为核心内容的课程，其教学以"工作项目"为主线，采用任务驱动的项目教学法，创设工作情景。教学可在实训室、电器维修站，常用电热、电动器具产品生产线场景中进行。可设计的项目包括常用电热、电动器具维修基础知识，如厨房电器、吸尘器、洗衣机、电风扇等的组装、日常维护和常见故障处理等项目。

每一个项目的学习都是以家用电器维修工的工作任务为载体进行课程内容的设计，以工作任务为中心整合所需的相关理论与实践，实现"做中学"，给学生提供更多的动手机会，让学生掌握常用电热、电动器具的拆卸、组装、故障诊断与维修及产品销售等相关职业能力。

本课程建议课时为108学时，建议第三学期开设。

2　课程目标

通过本课程的学习，使学生具有从事本专业所涵盖的岗位群工作所需要的知识、技能和态度，成为具有中级家电维修工职业资格的技能型人才。

2.1　知识目标

- 能分析常用电热、电动器具的结构和工作原理；
- 能够说明常用电热、电动器具的常见故障及故障的诊断、维修方法；
- 能说明常用电热、电动器具的选购、安装、使用和维护方法；
- 能够描述电热、电动器具设备等新产品的特点和了解产品发展方向。

2.2　技能目标

- 能看懂常用电热器具、电动器具的说明书及产品电路图或框图；
- 会常用仪器仪表的使用；
- 会电热器具、电动器具的选购、使用、日常维护；
- 会正确拆装常用的电热、电动器具；
- 能排除电热器具、电动器具常见故障。

2.3 情感态度目标

- 具有规范操作、安全文明生产意识;
- 养成诚实、守信、吃苦耐劳的品德;
- 具有善于与电器客户沟通,能与维修工作人员进行良好团队合作的精神;
- 具有爱岗敬业的职业道德品质。

3 课程内容和要求

序号	工作任务	知识要求	技能要求	情感态度要求	参考学时
1	电热水器常见故障的解析和维修	• 能分析电热水器的结构和工作原理; • 能说明常用电热水器的选购、安装、使用和日常维护方法; • 能够描述常用电热水器常见故障及故障的诊断、维修方法。	• 能看懂电热水器的说明书及产品电路图或框图; • 会使用常用的仪器仪表、工具进行元器件检测和故障检修; • 会电热水器的选购、使用、日常维护; • 会正确拆装电热水器; • 能排除电热水器常见故障; • 会填写维修报告。	• 具有规范操作、安全文明生产意识; • 养成诚实、守信、吃苦耐劳的品德; • 具有优质的服务意识; • 具有善于与电器客户良好沟通的能力; • 具有与维修工作人员进行良好团队合作的精神; • 具有爱岗敬业的职业道德品质。	8
2	饮水机常见故障的解析和维修	• 能分析饮水机的结构和工作原理; • 能说明饮水机选购、安装、使用和日常维护方法; • 能够描述常用饮水机的常见故障及故障的诊断、维修方法。	• 能看懂饮水机的说明书及产品电路图或框图; • 会使用常用的仪器仪表、工具进行元器件检测和故障检修; • 会饮水机的选购、使用、日常维护; • 会正确拆装饮水机; • 能排除饮水机常见故障; • 会填写维修报告。	• 具有规范操作、安全文明生产意识; • 养成诚实、守信、吃苦耐劳的品德; • 具有优质的服务意识; • 具有善于与电器客户良好沟通的能力; • 具有与维修工作人员进行良好团队合作的精神; • 具有爱岗敬业的职业道德品质。	8

续表

序号	工作任务	知识要求	技能要求	情感态度要求	参考学时
3	微电脑式电饭煲常见故障的解析和维修	• 能分析微电脑式电饭煲的结构和工作原理； • 能说明微电脑式电饭煲选购、使用、安装和日常维护方法； • 能够概述常用微电脑式电饭煲的常见故障及故障的诊断、维修方法。	• 能看懂微电脑式电饭煲的说明书及产品电路图或框图。 • 会微电脑式电饭煲的选购、使用、日常维护。 • 会使用常用的仪器仪表、工具进行元器件检测和故障检修。 • 会正确拆装微电脑式电饭煲。 • 能排除微电脑式电饭煲常见故障，包括：数码管不显示，且电热盘不热；数码管显示，但电热盘不发热；煮生饭或焦饭；数码管显示 E1、E2 等。 • 会填写维修报告。	• 具有规范操作、安全文明生产意识； • 养成诚实、守信、吃苦耐劳的品德； • 具有优质的服务意识； • 具有善于与电器客户良好沟通的能力； • 具有与维修工作人员进行良好团队合作的精神； • 具有爱岗敬业的职业道德品质。	12
4	微波炉常见故障的解析和维修	• 能分析微波炉的结构和工作原理； • 能说明微波炉选购、使用、安装和日常维护方法； • 能够描述微波炉的常见故障及故障的诊断、维修方法。	• 能看懂微波炉的说明书及产品电路图或框图。 • 会使用常用的仪器仪表、工具进行元器件检测和故障检修。 • 会微波炉的选购、使用、日常维护。 • 会正确拆装微波炉电饭煲。 • 能排除微波炉常见故障，包括：微波炉不通电；微波炉启动，灯亮转盘风扇转但不加热；灯不亮，食物能加热；转盘不转；烧烤管不工作等。 • 会填写维修报告。	• 具有规范操作、安全文明生产意识； • 养成诚实、守信、吃苦耐劳的品德； • 具有优质的服务意识； • 具有善于与电器客户良好沟通的能力； • 具有与维修工作人员进行良好团队合作的精神； • 具有爱岗敬业的职业道德品质。	12

续表

序号	工作任务	知识要求	技能要求	情感态度要求	参考学时
5	电磁炉常见故障的解析和维修	• 能分析电磁炉的结构和工作原理； • 能说明电磁炉选购、使用、安装和日常维护方法； • 能够描述电磁炉的常见故障及故障的诊断、维修方法。	• 能看懂电磁炉的说明书及产品电路图或框图； • 会使用常用的仪器仪表、工具进行元器件检测和故障检修； • 会电磁炉的选购、使用、日常维护； • 会正确拆装电磁炉； • 能排除电磁炉常见故障； • 会填写维修报告。	• 具有规范操作、安全文明生产意识； • 养成诚实、守信、吃苦耐劳的品德； • 具有优质的服务意识； • 具有善于与电器客户良好沟通的能力； • 具有与维修工作人员进行良好团队合作的精神； • 具有爱岗敬业的职业道德品质。	12
6	电子消毒柜常见故障的解析和维修	• 能分析电子消毒柜的结构和工作原理； • 能说明电子消毒柜选购、使用、安装和日常维护方法； • 能够描述电子消毒柜的常见故障及故障的诊断、维修方法。	• 能看懂电子消毒柜的说明书及产品电路图或框图； • 会使用常用的仪器仪表、工具进行元器件检测和故障检修； • 会电子消毒柜的选购、使用、日常维护； • 会正确拆装电子消毒柜； • 能排除电子消毒柜常见故障，包括：整机不通电、高温消毒不工作、臭氧发生器不工作等； • 会填写维修报告。	• 具有规范操作、安全文明生产意识； • 养成诚实、守信、吃苦耐劳的品德； • 具有优质的服务意识； • 具有善于与电器客户良好沟通的能力； • 具有与维修工作人员进行良好团队合作的精神； • 具有爱岗敬业的职业道德品质。	8
7	家用豆浆机常见故障的解析和维修	• 能分析家用豆浆机的结构和工作原理； • 能够描述家用豆浆机的常见故障及故障的诊断、维修方法； • 能说明家用豆浆机选购、使用、安装和日常维护方法。	• 能看懂家用豆浆机的说明书及产品电路图或框图； • 会使用常用的仪器仪表、工具进行元器件检测和故障检修； • 会家用豆浆机的选购、使用、日常维护； • 会正确拆装家用豆浆机；	• 具有规范操作、安全文明生产意识； • 养成诚实、守信、吃苦耐劳的品德； • 具有优质的服务意识； • 具有善于与电器客户良好沟通的能力；	6

续表

序号	工作任务	知识要求	技能要求	情感态度要求	参考学时
7	家用豆浆机常见故障的解析和维修		• 能排除家用豆浆机常见故障； • 会填写维修报告。	• 具有与维修工作人员进行良好团队合作的精神； • 具有爱岗敬业的职业道德品质。	
8	吸油烟机常见故障的解析和维修	• 能分析吸油烟机的结构和工作原理； • 能说明吸油烟机选购、使用、安装和日常维护方法； • 能够描述常用吸油烟机的常见故障及故障的诊断、维修方法。	• 能看懂吸油烟机的说明书及产品电路图或框图； • 会使用常用的仪器仪表、工具进行元器件检测和故障检修； • 会吸油烟机的选购、使用、日常维护； • 会正确拆装吸油烟机； • 能排除吸油烟机常见故障； • 会填写维修报告。	• 具有规范操作、安全文明生产意识； • 养成诚实、守信、吃苦耐劳的品德； • 具有优质的服务意识； • 具有善于与电器客户良好沟通的能力； • 具有与维修工作人员进行良好团队合作的精神； • 具有爱岗敬业的职业道德品质。	8
9	吸尘器常见故障的解析和维修	• 能分析吸尘器的结构和工作原理； • 能说明吸尘器选购、使用、安装和日常维护方法； • 能够描述常用吸尘器的常见故障及故障的诊断、维修方法。	• 能看懂吸尘器的说明书及产品电路图或框图； • 会使用常用的仪器仪表、工具进行元器件检测和故障检修； • 会吸尘器的选购、使用、日常维护； • 会正确拆装吸尘器； • 能排除吸尘器常见故障； • 会填写维修报告。	• 具有规范操作、安全文明生产意识； • 养成诚实、守信、吃苦耐劳的品德； • 具有优质的服务意识； • 具有善于与电器客户良好沟通的能力； • 具有与维修工作人员进行良好团队合作的精神； • 具有爱岗敬业的职业道德品质。	6

序号	工作任务	知识要求	技能要求	情感态度要求	参考学时
10	电子电风扇常见故障的分析和维修	• 能分析微电脑(单片机)电风扇的结构和调速原理; • 能描述关键元器件如单片机、按键、红外接收口、可控硅的作用; • 能说明电子电风扇选购、使用、安装和日常维护方法; • 能够描述常用电子电风扇的常见故障及故障的诊断、维修方法。	• 能看懂电子电风扇的说明书及产品电路图或框图; • 会使用常用的仪器仪表、工具进行元器件检测和故障检修; • 会电子电风扇的选购、使用、日常维护; • 会正确拆装电子电风扇; • 能排除电子电风扇常见故障,包括:遥控或手动操作无效、风扇整机不工作、电机不转、不能摇头送风; • 会填写维修报告。	• 具有规范操作、安全文明生产意识; • 养成诚实、守信、吃苦耐劳的品德; • 具有优质的服务意识; • 具有善于与电器客户良好沟通的能力; • 具有与维修工作人员进行良好团队合作的精神; • 具有爱岗敬业的职业道德品质。	6
11	洗衣机常见故障的解析和维修	• 能分析洗衣机的结构和工作原理; • 能描述关键部件如牵引器、水位开关的作用,会根据显示代码了解设备的工作状态; • 能说明洗衣机的选购、安装、使用和日常维护方法; • 能够描述常用洗衣机的常见故障及故障的诊断、维修方法。	• 能看懂洗衣机的说明书及产品电路图或框图; • 会使用常用的仪器仪表、工具进行元器件检测和故障检修; • 会洗衣机的选购、使用、日常维护; • 会正确拆装洗衣机; • 能排除洗衣机常见故障,包括:遥控或手动操作无效、风扇整机不工作、电机不转、不能摇头送风、整机不工作、不进水、不排水、波轮单方向转、不脱水、达到设定水位后洗衣机依然进水等; • 会填写维修报告。	• 具有规范操作、安全文明生产意识; • 养成诚实、守信、吃苦耐劳的品德; • 具有优质的服务意识; • 具有善于与电器客户良好沟通的能力; • 具有与维修工作人员进行良好团队合作的精神; • 具有爱岗敬业的职业道德品质。	12
12	机动(考核)				10
13		合　计			108

4　教学活动参考设计

序号	工作任务	教学活动	参考学时
1	电热水器常见故障的解析和维修	（一）动员 1. 教学目标 （1）知识目标 • 能分析电热水器的结构和工作原理； • 能说明常用电热水器的选购、安装、使用和日常维护方法； • 能够描述常用电热水器常见故障的解析及故障的诊断、维修方法。 （2）技能目标 • 能看懂电热水器的说明书及产品电路图或框图； • 会使用常用的仪器仪表、工具进行故障检修； • 会电热水器的选购、使用、日常维护； • 会正确拆装电热水器； • 能排除电热水器常见故障； • 会填写维修报告。 （3）情感态度目标 • 具有规范操作、安全文明生产意识； • 养成诚实、守信、吃苦耐劳的品德； • 具有优质的服务意识； • 具有善于与电器客户良好沟通的能力； • 具有与维修工作人员进行良好团队合作的精神； • 具有爱岗敬业的职业道德品质。 2. 教学组织形式 教学场所：电热电动器具维修实训室 教学形式：分组教学 3. 学习方法指导 （1）观察法 （2）小组合作学习 （二）训练 任务一　分析电热水器的结构和工作原理 　　情景一：PPT展示电热水器的外观、结构组成和产品框图 　　情景二：实物展示电热水器的外观、结构 　　情景三：引导分析电路图和工作原理 　　情景四：分析电热元件、控制元件的结构和工作原理	8

续表

序号	工作任务	教学活动	参考学时
1	电热水器的常见故障解析和维修	第1步:老师分析元件的结构和工作原理 第2步:老师演示电热元件、控制元件的检测方法 第3步:学生模拟检测元件 小组展示 根据电路图口述工作原理 检测元件 任务评价 任务二　常用电热水器的选购、使用和日常维护 　情景一:学生小组讨论学习材料 　情景二:小组创设消费者购买情景,从情景中学到常用电热水器的选购、使用和日常维护方法 小组评价 任务三　拆装电热水器 　情景一:演示电热水器实物的拆装 　情景二:小组练习拆装电热水器 小组拆装展示、点评 任务四　常用电热水器常见故障的解析及检修 　情景一:电热水器的常见故障一×××× 　第1步:学生观察电热水器的故障现象(实物预先设置故障) 　第2步:小组讨论学习材料并完成故障的解析、诊断、维修方法的《任务分析书》 　第3步:老师解析各组《任务分析书》 　第4步:小组制作《检修计划书》,教师审定《检修计划书》 　第5步:小组合作排除故障并填写维修报告 　情景二:电热水器的常见故障二×××× 　第1步:学生观察电热水器的故障现象(实物预先设置故障) 　第2步:小组讨论学习材料并完成故障的解析、诊断、维修方法的《任务分析书》 　第3步:老师解析各组《任务分析书》 　第4步:小组制作《检修计划书》,教师审定《检修计划书》 　第5步:小组合作排除故障并填写维修报告 　情景三:电热水器的常见故障三×××× 　第1步:学生观察电热水器的故障现象(实物预先设置故障) 　第2步:小组讨论学习材料并完成故障的解析、诊断、维修方法的《任务分析书》 　第3步:师生解析各组《任务分析书》	

续表

序号	工作任务	教学活动	参考学时
1	电热水器的常见故障解析和维修	第4步：小组制作《检修计划书》，教师审定《检修计划书》 第5步：小组合作排除故障并填写维修报告 情景四：小组总结排故中遇到的问题和解决问题的方法（口述） 情景五：播放《电热水器的常见故障解析和维修》视频 情景六：综合排故考核 第1步：小组互设故障 第2步：小组填写排除故障《任务分析书》和《计划书》 第3步：小组合作排除故障并填写维修报告 第4步：清晰地口述故障诊断的过程和依据 任务评价	

小组排故训练评价表

评价目标	评价项目	分值	评分
知识、技能目标（通过书面、观察、结果）	任务书完成情况	5	
	计划书完成情况	5	
	故障判断情况	10	
	故障检修情况	20	
	故障排除情况	20	
	维修报告填写情况	10	
态度目标（通过观察）	规范操作、安全文明	10	
	团队协作	10	
	主动学习	10	

（三）鉴定

项目综合鉴定表

鉴定环节	鉴定项目	分值	得分
任务一	口述电热水器结构和工作原理	5	
任务二	创设电热水器的选购、使用和日常维护的情景	5	
任务三	电热水器拆装展示	10	
任务四	过程排故（小组排故训练过程的平均分×30%）	30	
	综合考核排故（综合考核排故评分×50%）	50	
鉴定等级	备注：60分以下为不合格；60～70分为中；70～80分为良；80分以上为优秀		

序号	工作任务	教学活动	参考学时
1	电热水器的常见故障解析和维修	（四）拓展 1.学习资源介绍 （1）提供链接网站 （2）提供相关网络视频 （3）《家电维修》杂志 （4）不同型号产品的说明书 2.学习方法指导 （1）观察法 （2）小组合作学习	
2	饮水机常见故障的解析和维修	（一）动员 1.教学目标 （1）知识目标 •能分析饮水机的结构和工作原理； •能说明饮水机的选购、安装、使用和日常维护方法； •能够描述饮水机常见故障的解析及故障的诊断、维修方法。 （2）技能目标 •会看懂饮水机的说明书及产品电路图或框图； •会使用常用的仪器仪表、工具进行故障检修； •会饮水机的选购、使用、日常维护； •会正确拆装饮水机； •能排除饮水机常见故障； •会填写维修报告。 （3）情感态度目标 •具有规范操作、安全文明生产意识； •养成诚实、守信、吃苦耐劳的品德； •具有优质的服务意识； •具有善于与电器客户良好沟通的能力； •具有与维修工作人员进行良好团队合作的精神； •具有爱岗敬业的职业道德品质。 2.教学组织形式 教学场所：电热电动器具维修实训室 教学形式：分组教学 3.学习方法指导 （1）观察法 （2）小组合作学习	8

续表

序号	工作任务	教学活动	参考学时
2	饮水机常见故障的解析和维修	（二）训练 任务一　饮水机的结构和工作原理分析 　　情景一:PPT展示饮水机的外观、结构组成和产品框图 　　情景二:实物展示饮水机的外观、结构 　　情景三:引导分析电路图和工作原理 　　情景四:分析电热元件、控制元件的结构和工作原理 　　第1步:老师分析元件的结构和工作原理 　　第2步:老师演示电热元件、控制元件的检测方法 　　第3步:学生模拟检测元件 小组展示 根据电路图口述工作原理 检测元件 任务评价 任务二　常用饮水机的选购、使用和日常维护 　　情景一:学生小组讨论学习材料 　　情景二:小组创设消费者购买情景,从情景中学到饮水机的选购、使用和日常维护方法 小组评价 任务三　饮水机拆装 　　情景一:演示电热水器实物的拆装 　　情景二:小组练习拆装电热水器 小组拆装展示、点评 任务四　常用饮水机常见故障的解析及检修 　　情景一:数码管不显示,且电热盘不热的故障排除 　　第1步:学生观察饮水机的故障现象(实物预先设置故障) 　　第2步:小组讨论学习材料并完成故障的解析、诊断、维修方法的《任务分析书》 　　第3步:老师解析各组《任务分析书》 　　第4步:小组制作《检修计划书》,教师审定《检修计划书》 　　第5步:小组合作排除故障并填写维修报告 　　情景二:数码管显示,但电热盘不发热的故障排除 　　第1步:学生观察饮水机的故障现象(实物预先设置故障) 　　第2步:小组讨论学习材料并完成故障的解析、诊断、维修方法的《任务分析书》 　　第3步:老师解析各组《任务分析书》	

续表

序号	工作任务	教学活动	参考学时
2	饮水机常见故障的解析和维修	第4步:小组制作《检修计划书》,教师审定《检修计划书》 第5步:小组合作排除故障并填写维修报告 情景三:煮生饭或焦饭的故障排除 第1步:学生观察饮水机的故障现象(实物预先设置故障) 第2步:小组讨论学习材料并完成故障的解析、诊断、维修方法的《任务分析书》 第3步:师生解析各组《任务分析书》 第4步:小组制作《检修计划书》,教师审定《检修计划书》 第5步:小组合作排除故障并填写维修报告 情景四:数码管显示 E1、E2 的故障排除 第1步:学生观察饮水机的故障现象(实物预先设置故障) 第2步:小组讨论学习材料并完成故障的解析、诊断、维修方法的《任务分析书》 第3步:师生解析各组《任务分析书》 第4步:小组制作《检修计划书》,教师审定《检修计划书》 第5步:小组合作排除故障并填写维修报告 情景五:小组总结排故中遇到的问题和解决问题的方法(口述) 情景六:播放《饮水机的常见故障解析和维修》视频 情景七:综合排故考核 第1步:小组互设故障 第2步:小组填写排除故障《任务分析书》和《计划书》 第3步:小组合作排除故障并填写维修报告 第4步:清晰地口述故障诊断的过程和依据 任务评价	

小组排故训练评价表

评价目标	评价项目	分值	评分
知识、技能目标(通过书面、观察、结果)	任务书完成情况	5	
	计划书完成情况	5	
	故障判断情况	10	
	故障检修情况	20	
	故障排除情况	20	
	维修报告填写情况	10	
态度目标(通过观察)	规范操作、安全文明	10	
	团队协作	10	
	主动学习	10	

续表

序号	工作任务	教学活动	参考学时
2	饮水机常见故障的解析和维修	（三）鉴定 项目综合鉴定表 （见下方鉴定表） （四）拓展 1.学习资源介绍 （1）提供链接网站 （2）提供相关网络视频 （3）《家电维修》杂志 （4）不同型号产品的说明书 2.学习方法指导 （1）观察法 （2）小组合作学习	
3	微电脑式电饭煲常见故障的解析和维修	（一）动员 1.教学目标 （1）知识目标 ●能分析微电脑式电饭煲的结构和工作原理； ●能说明微电脑式电饭煲的选购、安装、使用和日常维护方法； ●能够描述微电脑式电饭煲常见故障的解析及故障的诊断、维修方法。 （2）技能目标 ●能看懂微电脑式电饭煲的说明书及产品电路图或框图；	12

项目综合鉴定表

鉴定环节	鉴定项目	分值	得分
任务一	口述饮水机结构和工作原理	2	
	元件检测	3	
任务二	饮水机的选购、使用和日常维护的情景创设	5	
任务三	饮水机拆装展示	10	
任务四	过程排故（小组排故训练过程的平均分×30%）	30	
	综合考核排故（综合考核排故评分×50%）	50	
鉴定等级	备注：60分以下为不合格；60～70分为中；70～80分为良；80分以上为优秀		

序号	工作任务	教学活动	参考学时
3	微电脑式电饭煲常见故障的解析和维修	● 会使用常用的仪器仪表、工具进行故障检修； ● 会微电脑式电饭煲的选购、使用、日常维护； ● 会正确拆装微电脑式电饭煲； ● 能排除微电脑式电饭煲常见故障； ● 会填写维修报告。 (3)情感态度目标 ● 具有规范操作、安全文明生产意识； ● 养成诚实、守信、吃苦耐劳的品德； ● 具有优质的服务意识； ● 具有善于与电器客户良好沟通的能力； ● 具有与维修工作人员进行良好团队合作的精神； ● 具有爱岗敬业的职业道德品质。 2.教学组织形式 教学场所:电热电动器具维修实训室 教学形式:分组教学 3.学习方法指导 (1)观察法 (2)小组合作学习 (二)训练 任务一　微电脑式电饭煲的结构和工作原理分析 　　情景一:PPT展示微电脑式电饭煲的外观、结构组成和产品框图 　　情景二:实物展示微电脑式电饭煲的外观、结构 　　情景三:引导分析电路图和工作原理 　　情景四:分析电热元件、控制元件的结构和工作原理 　　第1步:老师分析元件的结构和工作原理 　　第2步:老师演示电热元件、控制元件的检测方法 　　第3步:学生模拟检测元件 小组展示 根据电路图口述工作原理 检测元件 任务评价 任务二　常用微电脑式电饭煲的选购、使用和日常维护 　　情景一:学生小组讨论学习材料	

续表

序号	工作任务	教学活动	参考学时
3	微电脑式电饭煲常见故障的解析和维修	情景二:小组创设消费者购买情景,从情景中学到微电脑式电饭煲的选购、使用和日常维护方法 小组评价 任务三　微电脑式电饭煲的拆装 　情景一:演示电热水器实物的拆装 　情景二:小组练习拆装电热水器 小组拆装展示、点评 任务四　常用微电脑式电饭煲的常见故障的解析及检修 　情景一:数码管不显示,且电热盘不热的故障排除 　第1步:学生观察微电脑式电饭煲的故障现象(实物预先设置故障) 　第2步:小组讨论学习材料并完成故障的解析、诊断、维修方法的《任务分析书》 　第3步:老师解析各组《任务分析书》 　第4步:小组制作《检修计划书》,教师审定《检修计划书》 　第5步:小组合作排除故障并填写维修报告 　情景二:数码管显示,但电热盘不发热的故障排除 　第1步:学生观察微电脑式电饭煲的故障现象(实物预先设置故障) 　第2步:小组讨论学习材料并完成故障的解析、诊断、维修方法的《任务分析书》 　第3步:老师解析各组《任务分析书》 　第4步:小组制作《检修计划书》,教师审定《检修计划书》 　第5步:小组合作排除故障并填写维修报告 　情景三:煮生饭或焦饭的故障排除 　第1步:学生观察微电脑式电饭煲的故障现象(实物预先设置故障) 　第2步:小组讨论学习材料并完成故障的解析、诊断、维修方法的《任务分析书》 　第3步:师生解析各组《任务分析书》 　第4步:小组制作《检修计划书》,教师审定《检修计划书》 　第5步:小组合作排除故障并填写维修报告 　情景四:数码管显示 E1、E2 的故障排除 　第1步:学生观察微电脑式电饭煲的故障现象(实物预先设置故障) 　第2步:小组讨论学习材料并完成故障的解析、诊断、维修方法的《任务分析书》 　第3步:师生解析各组《任务分析书》 　第4步:小组制作《检修计划书》,教师审定《检修计划书》 　第5步:小组合作排除故障并填写维修报告 　情景五:小组总结排故中遇到的问题和解决问题的方法(口述)	

序号	工作任务	教学活动	参考学时

情景六:播放《微电脑式电饭煲常见故障的解析和维修》视频

情景七:综合排故考核

第1步:小组互设故障

第2步:小组填写排除故障《任务分析书》和《计划书》

第3步:小组合作排除故障并填写维修报告

第4步:清晰地口述故障诊断的过程和依据

任务评价

小组排故训练评价表

评价目标	评价项目	分值	评分
知识、技能目标(通过书面、观察、结果)	任务书完成情况	5	
	计划书完成情况	5	
	故障判断情况	10	
	故障检修情况	20	
	故障排除情况	20	
	维修报告填写情况	10	
态度目标(通过观察)	规范操作、安全文明	10	
	团队协作	10	
	主动学习	10	

(三)鉴定

项目综合鉴定表

鉴定环节	鉴定项目	分值	评分
任务一	微电脑式电饭煲结构和工作原理口述	2	
	元件检测	3	
任务二	微电脑式电饭煲的选购、使用和日常维护的创设情景	5	
任务三	微电脑式电饭煲拆装展示	10	
任务四	过程排故(小组排故训练过程的平均分×30%)	30	
	综合考核排故(综合考核排故评分×50%)	50	
鉴定等级	备注:60分以下为不合格;60~70分为中;70~80分为良;80分以上为优秀		

序号:3 工作任务:微电脑式电饭煲常见故障的解析和维修

续表

序号	工作任务	教学活动	参考学时
3	微电脑式电饭煲的常见故障解析和维修	（四）拓展 1.学习资源介绍 （1）提供链接网站 （2）提供相关网络视频 （3）《家电维修》杂志 （4）不同型号产品的说明书 2.学习方法指导 （1）观察法 （2）小组合作学习	
4	微波炉常见故障的解析和维修	（一）动员 1.教学目标 （1）知识目标 • 能分析微波炉的结构和工作原理； • 能说明常用微波炉的选购、安装、使用和日常维护方法； • 能够描述常用微波炉常见故障的解析及故障的诊断、维修方法。 （2）技能目标 • 能看懂微波炉的说明书及产品电路图或框图； • 会使用常用的仪器仪表、工具进行故障检修； • 会微波炉的选购、使用、日常维护； • 会正确拆装微波炉； • 能排除微波炉常见故障。 • 会填写维修报告 （3）情感态度目标 • 具有规范操作、安全文明生产意识； • 养成诚实、守信、吃苦耐劳的品德； • 具有优质的服务品质； • 具有善于与电器客户良好沟通的能力； • 具有与维修工作人员进行良好团队合作的精神； • 具有爱岗敬业的职业道德品质。 2.教学组织形式 教学场所：电热电动器具维修实训室 教学形式：分组教学	12

序号	工作任务	教学活动	参考学时
4	微波炉常见故障的解析和维修	3.学习方法指导 (1)观察法 (2)小组合作学习 (二)训练 任务一 微波炉的结构和工作原理分析 　　情景一:PPT展示微波炉的外观、结构组成和产品框图 　　情景二:实物展示微波炉的外观、结构 　　情景三:引导分析电路图和工作原理 　　情景四:分析电热元件、控制元件的结构和工作原理 　　第1步:老师分析元件的结构和工作原理 　　第2步:老师演示电热元件、控制元件的检测方法 　　第3步:学生模拟检测元件 小组展示 根据电路图口述工作原理 检测元件 任务评价 任务二 常用微波炉的选购、使用和日常维护 　　情景一:学生小组讨论学习材料 　　情景二:小组创设消费者购买情景,从情景中学到常用电热水器的选购、使用和日常维护方法 小组评价 任务三 微波炉拆装 　　情景一:演示微波炉实物的拆装 　　情景二:小组练习拆装微波炉 小组拆装展示、点评 任务四 微波炉的常见故障的解析及检修 　　情景一:微波炉的常见故障一×××× 　　第1步:学生观察微波炉的故障现象(实物预先设置故障) 　　第2步:小组讨论学习材料并完成故障的解析、诊断、维修方法的《任务分析书》 　　第3步:老师解析各组《任务分析书》 　　第4步:小组制作《检修计划书》,教师审定《检修计划书》 　　第5步:小组合作排除故障并填写维修报告 　　情景二:微波炉的常见故障二××××	

续表

序号	工作任务	教学活动	参考学时
4	微波炉常见故障的解析和维修	第1步:学生观察微波炉的故障现象(实物预先设置故障) 第2步:小组讨论学习材料并完成故障的解析、诊断、维修方法的《任务分析书》 第3步:老师解析各组《任务分析书》 第4步:小组制作《检修计划书》，教师审定《检修计划书》 第5步:小组合作排除故障并填写维修报告 情景三:微波炉的常见故障三×××× 第1步:学生观察微波炉的故障现象(实物预先设置故障) 第2步:小组讨论学习材料并完成故障的解析、诊断、维修方法的《任务分析书》 第3步:师生解析各组《任务分析书》 第4步:小组制作《检修计划书》，教师审定《检修计划书》 第5步:小组合作排除故障并填写维修报告 情景四:小组总结排故中遇到的问题和解决问题的方法(口述) 情景五:播放《微波炉常见故障的解析和维修》视频 情景六:综合排故考核 第1步:小组互设故障 第2步:小组填写排除故障《任务分析书》和《计划书》 第3步:小组合作排除故障并填写维修报告 第4步:清晰的口述故障诊断的过程和依据 **任务评价** <div align="center">小组排故训练评价表</div>	

小组排故训练评价表

评价目标	评价项目	分值	评分
知识、技能目标(通过书面、观察、结果)	任务书完成情况	5	
	计划书完成情况	5	
	故障判断情况	10	
	故障检修情况	20	
	故障排除情况	20	
	维修报告填写情况	10	
态度目标(通过观察)	规范操作、安全文明	10	
	团队协作	10	
	主动学习	10	

序号	工作任务	教学活动	参考学时
4	微波炉常见故障的解析和维修	(三)鉴定 项目综合鉴定表 table (四)拓展 1.学习资源介绍 (1)提供链接网站 (2)提供相关网络视频 (3)《家电维修》杂志 (4)不同型号产品的说明书 2.学习方法指导 (1)观察法 (2)小组合作学习	
5	电磁炉常见故障的解析和维修	(一)动员 1.教学目标 (1)知识目标 •能分析电磁炉的结构和工作原理; •能说明常用电磁炉的选购、安装、使用和日常维护方法; •能够描述常用电磁炉常见故障的解析及故障的诊断、维修方法。 (2)技能目标 •能看懂电磁炉的说明书及产品电路图或框图; •会使用常用的仪器仪表、工具进行故障检修;	12

项目综合鉴定表

鉴定环节	鉴定项目	分值	得分
任务一	微波炉结构和工作原理口述	5	
任务二	微波炉的选购、使用和日常维护创设的情景	5	
任务三	微波炉拆装展示	10	
任务四	过程排故(小组排故训练过程的平均分×30%)	30	
	综合考核排故(综合考核排故评分×50%)	50	
鉴定等级	备注:60分以下为不合格;60~70分为中;70~80分为良;80分以上为优秀		

续表

序号	工作任务	教学活动	参考学时
5	电磁炉常见故障的解析和维修	• 会电磁炉的选购、使用、日常维护； • 会正确拆装电磁炉； • 能排除电磁炉常见故障； • 会填写维修报告。 （3）情感态度目标 • 具有规范操作、安全文明生产意识； • 养成诚实、守信、吃苦耐劳的品德； • 具有优质的服务意识； • 具有善于与电器客户良好沟通的能力； • 具有与维修工作人员进行良好团队合作的精神； • 具有爱岗敬业的职业道德品质。 2.教学组织形式 教学场所：电热电动器具维修实训室 教学形式：分组教学 3.学习方法指导 （1）观察法 （2）小组合作学习 （二）训练 任务一　电磁炉的结构和工作原理分析 　　情景一：PPT展示电磁炉的外观、结构组成和产品框图 　　情景二：实物展示电磁炉的外观、结构 　　情景三：引导分析电路图和工作原理 　　情景四：分析电热元件、控制元件的结构和工作原理 　　第1步：老师分析元件的结构和工作原理 　　第2步：老师演示电热元件、控制元件的检测方法 　　第3步：学生模拟检测元件 小组展示 根据电路图口述工作原理 检测元件 任务评价 任务二　常用电磁炉的选购、使用和日常维护 　　情景一：学生小组讨论学习材料 　　情景二：小组创设消费者购买情景，从情景中学到常用电热水器的选购、使用和日常维护方法	

续表

序号	工作任务	教学活动	参考学时
5	电磁炉常见故障的解析和维修	小组评价 **任务三　电磁炉拆装** 　　情景一：演示电磁炉实物的拆装 　　情景二：小组练习拆装电磁炉 小组拆装展示、点评 **任务四　电磁炉常见故障的解析及检修** 　　情景一：电磁炉的常见故障一×××× 　　第1步：学生观察电磁炉的故障现象(实物预先设置故障) 　　第2步：小组讨论学习材料并完成故障的解析、诊断、维修方法的《任务分析书》 　　第3步：老师解析各组《任务分析书》 　　第4步：小组制作《检修计划书》,教师审定《检修计划书》 　　第5步：小组合作排除故障并填写维修报告 　　情景二：电磁炉的常见故障二×××× 　　第1步：学生观察电磁炉的故障现象(实物预先设置故障) 　　第2步：小组讨论学习材料并完成故障的解析、诊断、维修方法的《任务分析书》 　　第3步：老师解析各组《任务分析书》 　　第4步：小组制作《检修计划书》,教师审定《检修计划书》 　　第5步：小组合作排除故障并填写维修报告 　　情景三：电磁炉的常见故障三×××× 　　第1步：学生观察电磁炉的故障现象(实物预先设置故障) 　　第2步：小组讨论学习材料并完成故障的解析、诊断、维修方法的《任务分析书》 　　第3步：师生解析各组《任务分析书》 　　第4步：小组制作《检修计划书》,教师审定《检修计划书》 　　第5步：小组合作排除故障并填写维修报告 　　情景四：小组总结排故中遇到的问题和解决问题的方法(口述) 　　情景五：播放《电磁炉的常见故障解析和维修》视频 　　情景六：综合排故考核 　　第1步：小组互设故障 　　第2步：小组填写排除故障《任务分析书》和《计划书》 　　第3步：小组合作排除故障并填写维修报告 　　第4步：清晰地口述故障诊断的过程和依据	

续表

序号	工作任务	教学活动	参考学时
5	电磁炉常见故障的解析和维修	（见下方内容）	

任务评价

小组排故训练评价表

评价目标	评价项目	分值	评分
知识、技能目标（通过书面、观察、结果）	任务书完成情况	5	
	计划书完成情况	5	
	故障判断情况	10	
	故障检修情况	20	
	故障排除情况	20	
	维修报告填写情况	10	
态度目标（通过观察）	规范操作、安全文明	10	
	团队协作	10	
	主动学习	10	

（三）鉴定

项目综合鉴定表

鉴定环节	鉴定项目	分值	得分
任务一	电磁炉结构和工作原理口述	5	
任务二	电磁炉的选购、使用和日常维护的情景创设	5	
任务三	电磁炉拆装展示	10	
任务四	过程排故（小组排故训练过程的平均分×30%）	30	
	综合考核排故（综合考核排故评分×50%）	50	
鉴定等级	备注：60 分以下为不合格；60～70 分为中；70～80 分为良；80 分以上为优秀		

（四）拓展

1. 学习资源介绍

（1）提供链接网站

（2）提供相关网络视频

（3）《家电维修》杂志

（4）不同型号产品的说明书

2. 学习方法指导

（1）观察法

（2）小组合作学习

续表

序号	工作任务	教学活动	参考学时
6	电子消毒柜常见故障的解析和维修	（一）动员 1.教学目标 （1）知识目标 ●能分析电子消毒柜的结构和工作原理； ●能说明电子消毒柜的选购、使用、安装和日常维护方法； ●能够描述电子消毒柜常见故障的解析及故障的诊断、维修方法。 （2）技能目标 ●能看懂电子消毒柜的说明书及产品电路图或框图； ●会使用常用的仪器仪表、工具进行故障检修； ●会电子消毒柜的选购、使用、日常维护； ●会正确拆装电子消毒柜； ●能排除电子消毒柜常见故障； ●会填写维修报告。 （3）情感态度目标 ●具有规范操作、安全文明生产意识； ●养成诚实、守信、吃苦耐劳的品德； ●具有优质的服务意识； ●具有善于与电器客户良好沟通的能力； ●具有与维修工作人员进行良好团队合作的精神； ●具有爱岗敬业的职业道德品质。 2.教学组织形式 教学场所：电热电动器具维修实训室 教学形式：分组教学 3.学习方法指导 （1）观察法 （2）小组合作学习 （二）训练 任务一　电子消毒柜的结构和工作原理分析 　　情景一：PPT展示电子消毒柜的外观、结构组成和产品框图 　　情景二：实物展示电子消毒柜的外观、结构 　　情景三：引导分析电路图和工作原理 　　情景四：分析电热元件、控制元件的结构和工作原理 　　第1步：老师分析元件的结构和工作原理 　　第2步：老师演示电热元件、控制元件的检测方法 　　第3步：学生模拟检测元件	8

续表

序号	工作任务	教学活动	参考学时
6	电子消毒柜常见故障的解析和维修	小组展示 根据电路图口述工作原理 检测元件 任务评价 任务二　常用电子消毒柜的选购、使用和日常维护 　　情景一:学生小组讨论学习材料 　　情景二:小组创设消费者购买情景,从情景中学到电子消毒柜的选购、使用和日常维护方法 小组评价 任务三　电子消毒柜拆装 　　情景一:演示电热水器实物的拆装 　　情景二:小组练习拆装电热水器 小组拆装展示、点评 任务四　常用电子消毒柜的常见故障的解析及检修 　　情景一:数码管不显示,且电热盘不热的故障排除 　　第1步:学生观察电子消毒柜的故障现象(实物预先设置故障) 　　第2步:小组讨论学习材料并完成故障的解析、诊断、维修方法的《任务分析书》 　　第3步:老师解析各组《任务分析书》 　　第4步:小组制作《检修计划书》,教师审定《检修计划书》 　　第5步:小组合作排除故障并填写维修报告 　　情景二:数码管显示,但电热盘不发热的故障排除 　　第1步:学生观察电子消毒柜的故障现象(实物预先设置故障) 　　第2步:小组讨论学习材料并完成故障的解析、诊断、维修方法的《任务分析书》 　　第3步:老师解析各组《任务分析书》 　　第4步:小组制作《检修计划书》,教师审定《检修计划书》 　　第5步:小组合作排除故障并填写维修报告 　　情景三:煮生饭或焦饭的故障排除 　　第1步:学生观察电子消毒柜的故障现象(实物预先设置故障) 　　第2步:小组讨论学习材料并完成故障的解析、诊断、维修方法的《任务分析书》 　　第3步:师生解析各组《任务分析书》 　　第4步:小组制作《检修计划书》,教师审定《检修计划书》 　　第5步:小组合作排除故障并填写维修报告 　　情景四:数码管显示 E1、E2 的故障排除 　　第1步:学生观察电子消毒柜的故障现象(实物预先设置故障) 　　第2步:小组讨论学习材料并完成故障的解析、诊断、维修方法的《任务分析书》	

续表

序号	工作任务	教学活动	参考学时
6	电子消毒柜常见故障的解析和维修	第3步:师生解析各组《任务分析书》 第4步:小组制作《检修计划书》,教师审定《检修计划书》 第5步:小组合作排除故障并填写维修报告 情景五:小组总结排故中遇到的问题和解决问题的方法(口述) 情景六:播放《电子消毒柜的常见故障解析和维修》视频 情景七:综合排故考核 第1步:小组互设故障 第2步:小组填写排除故障《任务分析书》和《计划书》 第3步:小组合作排除故障并填写维修报告 第4步:清晰地口述故障诊断的过程和依据 **任务评价** 小组排故训练评价表	

小组排故训练评价表

评价目标	评价项目	分值	评分
知识、技能目标(通过书面、观察、结果)	任务书完成情况	5	
	计划书完成情况	5	
	故障判断情况	10	
	故障检修情况	20	
	故障排除情况	20	
	维修报告填写情况	10	
态度目标(通过观察)	规范操作、安全文明	10	
	团队协作	10	
	主动学习	10	

(三)鉴定

项目综合鉴定表

鉴定环节	鉴定项目	分值	得分
任务一	电子消毒柜的结构和工作原理口述	2	
	元件检测	3	
任务二	电子消毒柜的选购、使用和日常维护的情景创设	5	
任务三	电子消毒柜拆装展示	10	
任务四	过程排故(小组排故训练过程的平均分×30%)	30	
	综合考核排故(综合考核排故评分×50%)	50	
鉴定等级	备注:60分以下为不合格;60~70分为中;70~80分为良;80分以上为优秀		

续表

序号	工作任务	教学活动	参考学时
6	电子消毒柜常见故障的解析和维修	（四）拓展 1.学习资源介绍 （1）提供链接网站 （2）提供相关网络视频 （3）《家电维修》杂志 （4）不同型号产品的说明书 2.学习方法指导 （1）观察法 （2）小组合作学习	
7	家用豆浆机常见故障的解析和维修	（一）动员 1.教学目标 （1）知识目标 •能分析家用豆浆机的结构和工作原理； •能说明家用豆浆机的选购、安装、使用和日常维护方法； •能够描述家用豆浆机常见故障的解析及故障的诊断、维修方法。 （2）技能目标 •能看懂家用豆浆机的说明书及产品电路图或框图； •会使用常用的仪器仪表、工具进行故障检修； •会家用豆浆机的选购、使用、日常维护； •会正确拆装家用豆浆机； •能排除家用豆浆机常见故障； •会填写维修报告。 （3）情感态度目标 •具有规范操作、安全文明生产意识； •养成诚实、守信、吃苦耐劳的品德； •具有优质的服务意识； •具有善于与电器客户良好沟通的能力； •具有与维修工作人员进行良好团队合作的精神； •具有爱岗敬业的职业道德品质。 2.教学组织形式 教学场所：电热电动器具维修实训室 教学形式：分组教学	6

续表

序号	工作任务	教学活动	参考学时
7	家用豆浆机常见故障的解析和维修	3.学习方法指导 (1)观察法 (2)小组合作学习 (二)训练 任务一　家用豆浆机的结构和工作原理分析 　　情景一:PPT展示家用豆浆机的外观、结构组成和产品框图 　　情景二:实物展示家用豆浆机的外观、结构 　　情景三:引导分析电路图和工作原理 　　情景四:分析电热元件、控制元件的结构和工作原理 　　第1步:老师分析元件的结构和工作原理 　　第2步:老师演示电热元件、控制元件的检测方法 　　第3步:学生模拟检测元件 小组展示 根据电路图口述工作原理 检测元件 任务评价 任务二　常用家用豆浆机的选购、使用和日常维护 　　情景一:学生小组讨论学习材料 　　情景二:小组创设消费者购买情景,从情景中学到家用豆浆机的选购、使用和日常维护方法 小组评价 任务三　家用豆浆机拆装 　　情景一:演示电热水器实物的拆装 　　情景二:小组练习拆装电热水器 小组拆装展示、点评 任务四　常用家用豆浆机常见故障的解析及检修 　　情景一:数码管不显示,且电热盘不热的故障排除 　　第1步:学生观察家用豆浆机的故障现象(实物预先设置故障) 　　第2步:小组讨论学习材料并完成故障的解析、诊断、维修方法的《任务分析书》 　　第3步:老师解析各组《任务分析书》 　　第4步:小组制作《检修计划书》,教师审定《检修计划书》 　　第5步:小组合作排除故障并填写维修报告 　　情景二:数码管显示,但电热盘不发热的故障排除	

续表

序号	工作任务	教学活动	参考学时
7	家用豆浆机常见故障的解析和维修	第1步：学生观察家用豆浆机的故障现象（实物预先设置故障） 第2步：小组讨论学习材料并完成故障的解析、诊断、维修方法的《任务分析书》 第3步：老师解析各组《任务分析书》 第4步：小组制作《检修计划书》，教师审定《检修计划书》 第5步：小组合作排除故障并填写维修报告 情景三：煮生饭或焦饭的故障排除 第1步：学生观察家用豆浆机的故障现象（实物预先设置故障） 第2步：小组讨论学习材料并完成故障的解析、诊断、维修方法的《任务分析书》 第3步：师生解析各组《任务分析书》 第4步：小组制作《检修计划书》，教师审定《检修计划书》 第5步：小组合作排除故障并填写维修报告 情景四：数码管显示 E1、E2 的故障排除 第1步：学生观察家用豆浆机的故障现象（实物预先设置故障） 第2步：小组讨论学习材料并完成故障的解析、诊断、维修方法的《任务分析书》 第3步：师生解析各组《任务分析书》 第4步：小组制作《检修计划书》，教师审定《检修计划书》 第5步：小组合作排除故障并填写维修报告 情景五：小组总结排故中遇到的问题和解决问题的方法（口述） 情景六：播放《家用豆浆机常见故障的解析和维修》视频 情景七：综合排故考核 第1步：小组互设故障 第2步：小组填写排除故障《任务分析书》和《计划书》 第3步：小组合作排除故障并填写维修报告 第4步：清晰地口述故障诊断的过程和依据 任务评价	

小组排故训练评价表

评价目标	评价项目	分值	评分
知识、技能目标（通过书面、观察、结果）	任务书完成情况	5	
	计划书完成情况	5	
	故障判断情况	10	
	故障检修情况	20	
	故障排除情况	20	
	维修报告填写情况	10	
态度目标（通过观察）	规范操作、安全文明	10	
	团队协作	10	
	主动学习	10	

序号	工作任务	教学活动	参考学时
7	家用豆浆机的常见故障解析和维修	（三）鉴定 项目综合鉴定表 （四）拓展 1.学习资源介绍 （1）提供链接网站 （2）提供相关网络视频 （3）《家电维修》杂志 （4）不同型号产品的说明书 2.学习方法指导 （1）观察法 （2）小组合作学习	
8	吸油烟机常见故障的解析和维修	（一）动员 1.教学目标 （1）知识目标 • 能分析吸油烟机的结构和工作原理； • 能说明吸油烟机的选购、安装、使用和日常维护方法； • 能够描述吸油烟机常见故障的解析及故障的诊断、维修方法。 （2）技能目标 • 能看懂吸油烟机的说明书及产品电路图或框图；	8

项目综合鉴定表

鉴定环节	鉴定项目	分值	得分
任务一	口述家用豆浆机结构和工作原理	2	
	元件检测	3	
任务二	创设家用豆浆机的选购、使用和日常维护的情景	5	
任务三	家用豆浆机拆装展示	10	
任务四	过程排故（小组排故训练过程的平均分×30%）	30	
	综合考核排故（综合考核排故评分×50%）	50	
鉴定等级	备注:60分以下为不合格;60~70分为中;70~80分为良;80分以上为优秀		

续表

序号	工作任务	教学活动	参考学时
8	吸油烟机常见故障的解析和维修	• 会使用常用的仪器仪表、工具进行故障检修； • 会吸油烟机的选购、使用、日常维护； • 会正确拆装吸油烟机； • 能排除吸油烟机常见故障； • 会填写维修报告。 （3）情感态度目标 • 具有规范操作、安全文明生产意识； • 养成诚实、守信、吃苦耐劳的精神； • 具有优良的服务品质； • 具有善于与电器客户良好沟通的能力； • 具有与维修工作人员进行良好团队合作的精神； • 具有爱岗敬业的职业道德品质。 2. 教学组织形式 教学场所：电热电动器具维修实训室 教学形式：分组教学 3. 学习方法指导 （1）观察法 （2）小组合作学习 （二）训练 任务一　吸油烟机的结构和工作原理分析 　　情景一：PPT 展示吸油烟机的外观、结构组成和产品框图 　　情景二：实物展示吸油烟机的外观、结构 　　情景三：引导分析电路图和工作原理 　　情景四：分析电热元件、控制元件的结构和工作原理 　　第 1 步：老师分析元件的结构和工作原理 　　第 2 步：老师演示电热元件、控制元件的检测方法 　　第 3 步：学生模拟检测元件 小组展示 根据电路图口述工作原理 检测元件 任务评价 任务二　常用吸油烟机的选购、使用和日常维护 　　情景一：学生小组讨论学习材料	

序号	工作任务	教学活动	参考学时
8	吸油烟机常见故障的解析和维修	情景二：小组创设消费者购买情景,从情景中学到吸油烟机的选购、使用和日常维护方法 小组评价 任务三　吸油烟机拆装 　情景一：演示电热水器实物的拆装 　情景二：小组练习拆装电热水器 小组拆装展示、点评 任务四　常用吸油烟机的常见故障的解析及检修 　情景一：数码管不显示,且电热盘不热的故障排除 　第1步:学生观察吸油烟机的故障现象(实物预先设置故障) 　第2步:小组讨论学习材料并完成故障的解析、诊断、维修方法的《任务分析书》 　第3步:老师解析各组《任务分析书》 　第4步:小组制作《检修计划书》,教师审定《检修计划书》 　第5步:小组合作排除故障并填写维修报告 　情景二：数码管显示,但电热盘不发热的故障排除 　第1步:学生观察吸油烟机的故障现象(实物预先设置故障) 　第2步:小组讨论学习材料并完成故障的解析、诊断、维修方法的《任务分析书》 　第3步:老师解析各组《任务分析书》 　第4步:小组制作《检修计划书》,教师审定《检修计划书》 　第5步:小组合作排除故障并填写维修报告 　情景三：煮生饭或焦饭的故障排除 　第1步:学生观察吸油烟机的故障现象(实物预先设置故障) 　第2步:小组讨论学习材料并完成故障的解析、诊断、维修方法的《任务分析书》 　第3步:师生解析各组《任务分析书》 　第4步:小组制作《检修计划书》,教师审定《检修计划书》 　第5步:小组合作排除故障并填写维修报告 　情景四：数码管显示 E1、E2 的故障排除 　第1步:学生观察吸油烟机的故障现象(实物预先设置故障) 　第2步:小组讨论学习材料并完成故障的解析、诊断、维修方法的《任务分析书》 　第3步:师生解析各组《任务分析书》 　第4步:小组制作《检修计划书》,教师审定《检修计划书》 　第5步:小组合作排除故障并填写维修报告 　情景五：小组总结排故中遇到的问题和解决问题的方法(口述)	

续表

序号	工作任务	教学活动	参考学时
8	吸油烟机常见故障的解析和维修	情景六:播放《吸油烟机的常见故障解析和维修》视频 情景七:综合排故考核 第1步:小组互设故障 第2步:小组填写排除故障《任务分析书》和《计划书》 第3步:小组合作排除故障并填写维修报告 第4步:清晰地口述故障诊断的过程和依据 任务评价	

小组排故训练评价表

评价目标	评价项目	分值	评分
知识、技能目标（通过书面、观察、结果）	任务书完成情况	5	
	计划书完成情况	5	
	故障判断情况	10	
	故障检修情况	20	
	故障排除情况	20	
	维修报告填写情况	10	
态度目标（通过观察）	规范操作、安全文明	10	
	团队协作	10	
	主动学习	10	

（三）鉴定

项目综合鉴定表

鉴定环节	鉴定项目	分值	得分
任务一	吸油烟机结构和工作原理口述	2	
	元件检测	3	
任务二	吸油烟机的选购、使用和日常维护情景的创设	5	
任务三	吸油烟机拆装展示	10	
任务四	过程排故（小组排故训练过程的平均分×30%）	30	
	综合考核排故（综合考核排故评分×50%）	50	
鉴定等级	备注:60分以下为不合格;60~70分为中;70~80分为良;80分以上为优秀		

序号	工作任务	教学活动	参考学时
8	吸油烟机常见故障的解析和维修	(四)拓展 1.学习资源介绍 (1)提供链接网站 (2)提供相关网络视频 (3)《家电维修》杂志 (4)不同型号产品的说明书 2.学习方法指导 (1)观察法 (2)小组合作学习	
9	吸尘器常见故障的解析和维修	(一)动员 1.教学目标 (1)知识目标 •能分析吸尘器的结构和工作原理; •能说明吸尘器的选购、使用、安装和日常维护方法; •能够描述吸尘器常见故障的解析及故障的诊断、维修方法。 (2)技能目标 •能看懂吸尘器的说明书及产品电路图或框图; •会使用常用的仪器仪表、工具进行故障检修; •会吸尘器的选购、使用、日常维护; •会正确拆装吸尘器; •能排除吸尘器常见故障; •会填写维修报告。 (3)情感态度目标 •具有规范操作、安全文明生产意识; •养成诚实、守信、吃苦耐劳的品德; •具有优良的服务意识; •具有善于与电器客户良好沟通的能力; •具有与维修工作人员进行良好团队合作的品质; •具有爱岗敬业的职业道德意识。 2.教学组织形式 教学场所:电热电动器具维修实训室 教学形式:分组教学	8

续表

序号	工作任务	教学活动	参考学时
9	吸尘器常见故障的解析和维修	3.学习方法指导 (1)观察法 (2)小组合作学习 (二)训练 任务一　吸尘器的结构和工作原理分析 　　情景一:PPT展示吸尘器的外观、结构组成和产品框图 　　情景二:实物展示吸尘器的外观、结构 　　情景三:引导分析电路图和工作原理 　　情景四:分析电热元件、控制元件的结构和工作原理 　　第1步:老师分析元件的结构和工作原理 　　第2步:老师演示电热元件、控制元件的检测方法 　　第3步:学生模拟检测元件 小组展示 根据电路图口述工作原理 检测元件 任务评价 任务二　常用吸尘器的选购、使用和日常维护 　　情景一:学生小组讨论学习材料 　　情景二:小组创设消费者购买情景,从情景中学到吸尘器的选购、使用和日常维护方法 小组评价 任务三　吸尘器拆装 　　情景一:演示电热水器实物的拆装 　　情景二:小组练习拆装电热水器 小组拆装展示、点评 任务四　常用吸尘器的常见故障的解析及检修 　　情景一:数码管不显示,且电热盘不热的故障排除 　　第1步:学生观察吸尘器的故障现象(实物预先设置故障) 　　第2步:小组讨论学习材料并完成故障的解析、诊断、维修方法的《任务分析书》 　　第3步:老师解析各组《任务分析书》 　　第4步:小组制作《检修计划书》,教师审定《检修计划书》 　　第5步:小组合作排除故障并填写维修报告 　　情景二:数码管显示,但电热盘不发热的故障排除 　　第1步:学生观察吸尘器的故障现象(实物预先设置故障)	

"me

续表

序号	工作任务	教学活动	参考学时
9	吸尘器常见故障的解析和维修	第2步:小组讨论学习材料并完成故障的解析、诊断、维修方法的《任务分析书》 第3步:老师解析各组《任务分析书》 第4步:小组制作《检修计划书》,教师审定《检修计划书》 第5步:小组合作排除故障并填写维修报告 情景三:煮生饭或焦饭的故障排除 第1步:学生观察吸尘器的故障现象(实物预先设置故障) 第2步:小组讨论学习材料并完成故障的解析、诊断、维修方法的《任务分析书》 第3步:师生解析各组《任务分析书》 第4步:小组制作《检修计划书》,教师审定《检修计划书》 第5步:小组合作排除故障并填写维修报告 情景四:数码管显示E1、E2的故障排除 第1步:学生观察吸尘器的故障现象(实物预先设置故障) 第2步:小组讨论学习材料并完成故障的解析、诊断、维修方法的《任务分析书》 第3步:师生解析各组《任务分析书》 第4步:小组制作《检修计划书》,教师审定《检修计划书》 第5步:小组合作排除故障并填写维修报告 情景五:小组总结排故中遇到的问题和解决问题的方法(口述) 情景六:播放《吸尘器常见故障的解析和维修》视频 情景七:综合排故考核 第1步:小组互设故障 第2步:小组填写排除故障《任务分析书》和《计划书》 第3步:小组合作排除故障并填写维修报告 第4步:清晰地口述故障诊断的过程和依据 任务评价	

小组排故训练评价表

评价目标	评价项目	分值	评分
知识、技能目标(通过书面、观察、结果)	任务书完成情况	5	
	计划书完成情况	5	
	故障判断情况	10	
	故障检修情况	20	
	故障排除情况	20	
	维修报告填写情况	10	
态度目标(通过观察)	规范操作、安全文明	10	
	团队协作	10	
	主动学习	10	

续表

序号	工作任务	教学活动	参考学时
9	吸尘器常见故障的解析和维修	（三）鉴定 项目综合鉴定表 （见下表） （四）拓展 1.学习资源介绍 （1）提供链接网站 （2）提供相关网络视频 （3）《家电维修》杂志 （4）不同型号产品的说明书 2.学习方法指导 （1）观察法 （2）小组合作学习	
10	电子电风扇常见故障的分析和维修	（一）动员 1.教学目标 （1）知识目标 ● 能分析电子电风扇的结构和工作原理； ● 能说明电子电风扇的选购、安装、使用和日常维护方法； ● 能够描述电子电风扇常见故障的解析及故障的诊断、维修方法。 （2）技能目标 ● 能看懂电子电风扇的说明书及产品电路图或框图。	6

项目综合鉴定表

鉴定环节	鉴定项目	分值	得分
任务一	吸尘器结构和工作原理口述	2	
	元件检测	3	
任务二	吸尘器的选购、使用和日常维护的情景创设	5	
任务三	吸尘器拆装展示	10	
任务四	过程排故（小组排故训练过程的平均分×30%）	30	
	综合考核排故（综合考核排故评分×50%）	50	
鉴定等级	备注：60分以下为不合格；60～70分为中；70～80分为良；80分以上为优秀		

续表

序号	工作任务	教学活动	参考学时
10	电子电风扇常见故障的分析和维修	• 会使用常用的仪器仪表、工具进行故障检修； • 会电子电风扇的选购、使用、日常维护； • 会正确拆装电子电风扇； • 能排除电子电风扇常见故障； • 会填写维修报告。 (3)情感态度目标 • 具有规范操作、安全文明生产意识； • 养成诚实、守信、吃苦耐劳的品德； • 具有优良的服务意识； • 具有善于与电器客户良好沟通的能力； • 具有与维修工作人员进行良好团队合作的精神； • 具有爱岗敬业的职业道德品质。 2.教学组织形式 教学场所:电热电动器具维修实训室 教学形式:分组教学 3.学习方法指导 (1)观察法 (2)小组合作学习 (二)训练 任务一　电子电风扇的结构和工作原理分析 　　情景一:PPT展示电子电风扇的外观、结构组成和产品框图 　　情景二:实物展示电子电风扇的外观、结构 　　情景三:引导分析电路图和工作原理 　　情景四:分析电热元件、控制元件的结构和工作原理 　　第1步:老师分析元件的结构和工作原理 　　第2步:老师演示电热元件、控制元件的检测方法 　　第3步:学生模拟检测元件 小组展示 根据电路图口述工作原理 检测元件 任务评价 任务二　常用电子电风扇的选购、使用和日常维护 　　情景一:学生小组讨论学习材料	

续表

序号	工作任务	教学活动	参考学时
10	电子电风扇常见故障的分析和维修	情景二:小组创设消费者购买情景,从情景中学到电子电风扇的选购、使用和日常维护方法 任务评价 任务三　电子电风扇拆装 　情景一:演示电子电风扇实物的拆装 　情景二:小组练习拆装电子电风扇 小组拆装展示、点评 任务四　常用电子电风扇的常见故障的解析及检修 　情景一:数码管不显示,且电热盘不热的故障排除 　第1步:学生观察电子电风扇的故障现象(实物预先设置故障) 　第2步:小组讨论学习材料并完成故障的解析、诊断、维修方法的《任务分析书》 　第3步:老师解析各组《任务分析书》 　第4步:小组制作《检修计划书》,教师审定《检修计划书》 　第5步:小组合作排除故障并填写维修报告 　情景二:数码管显示,但电热盘不发热的故障排除 　第1步:学生观察电子电风扇的故障现象(实物预先设置故障) 　第2步:小组讨论学习材料并完成故障的解析、诊断、维修方法的《任务分析书》 　第3步:老师解析各组《任务分析书》 　第4步:小组制作《检修计划书》,教师审定《检修计划书》 　第5步:小组合作排除故障并填写维修报告 　情景三:煮生饭或焦饭的故障排除 　第1步:学生观察电子电风扇的故障现象(实物预先设置故障) 　第2步:小组讨论学习材料并完成故障的解析、诊断、维修方法的《任务分析书》 　第3步:师生解析各组《任务分析书》 　第4步:小组制作《检修计划书》,教师审定《检修计划书》 　第5步:小组合作排除故障并填写维修报告 　情景四:数码管显示 E1、E2 的故障排除 　第1步:学生观察电子电风扇的故障现象(实物预先设置故障) 　第2步:小组讨论学习材料并完成故障的解析、诊断、维修方法的《任务分析书》 　第3步:师生解析各组《任务分析书》 　第4步:小组制作《检修计划书》,教师审定《检修计划书》 　第5步:小组合作排除故障并填写维修报告 　情景五:小组总结排故中遇到的问题和解决问题的方法(口述)	

续表

序号	工作任务	教学活动	参考学时

| 10 | 电子电风扇常见故障的分析和维修 | | |

情景六:播放《电子电风扇常见故障的解析和维修》视频

情景七:综合排故考核

第1步:小组互设故障

第2步:小组填写排除故障《任务分析书》和《计划书》

第3步:小组合作排除故障并填写维修报告

第4步:清晰地口述故障诊断的过程和依据

任务评价

小组排故训练评价表

评价目标	评价项目	分值	评分
知识、技能目标(通过书面、观察、结果)	任务书完成情况	5	
	计划书完成情况	5	
	故障判断情况	10	
	故障检修情况	20	
	故障排除情况	20	
	维修报告填写情况	10	
态度目标(通过观察)	规范操作、安全文明	10	
	团队协作	10	
	主动学习	10	

(三)鉴定

项目综合鉴定表

鉴定环节	鉴定项目	分值	得分
任务一	口述电子电风扇结构和工作原理	2	
	元件检测	3	
任务二	电子电风扇的选购、使用和日常维护的情景创设	5	
任务三	电子电风扇拆装展示	10	
任务四	过程排故(小组排故训练过程的平均分×30%)	30	
	综合考核排故(综合考核排故评分×50%)	50	
鉴定等级	备注:60分以下为不合格;60～70分为中;70～80分为良;80分以上为优秀		

续表

序号	工作任务	教学活动	参考学时
10	电子电风扇常见故障的分析和维修	（四）拓展 1.学习资源介绍 （1）提供链接网站 （2）提供相关网络视频 （3）《家电维修》杂志 （4）不同型号产品的说明书 2.学习方法指导 （1）观察法 （2）小组合作学习	
11	洗衣机常见故障的解析和维修	（一）动员 1.教学目标 （1）知识目标 • 能分析洗衣机的结构和工作原理； • 能说明洗衣机的选购、安装、使用和日常维护方法； • 能够描述洗衣机常见故障的解析及故障的诊断、维修方法。 （2）技能目标 • 能看懂洗衣机的说明书及产品电路图或框图； • 会使用常用的仪器仪表、工具进行故障检修； • 会洗衣机的选购、使用、日常维护； • 会正确拆装洗衣机； • 能排除洗衣机常见故障； • 会填写维修报告。 （3）情感态度目标 • 具有规范操作、安全文明生产意识； • 养成诚实、守信、吃苦耐劳的品德； • 具有优良的服务意识； • 具有善于与电器客户良好沟通的能力； • 具有与维修工作人员进行良好团队合作的精神； • 具有爱岗敬业的职业道德品质。 2.教学组织形式 教学场所:电热电动器具维修实训室 教学形式:分组教学	12

序号	工作任务	教学活动	参考学时
11	洗衣机常见故障的解析和维修	3.学习方法指导 (1)观察法 (2)小组合作学习 (二)训练 任务一　洗衣机的结构和工作原理分析 　　情景一:PPT 展示洗衣机的外观、结构组成和产品框图 　　情景二:实物展示洗衣机的外观、结构 　　情景三:引导分析电路图和工作原理 　　情景四:分析电热元件、控制元件的结构和工作原理 　　第1步:老师分析元件的结构和工作原理 　　第2步:老师演示电热元件、控制元件的检测方法 　　第3步:学生模拟检测元件 小组展示 根据电路图口述工作原理 检测元件 任务评价 任务二　常用洗衣机的选购、使用和日常维护 　　情景一:学生小组讨论学习材料 　　情景二:小组创设消费者购买情景,从情景中学习洗衣机的选购、使用和日常 维护方法 小组评价 任务三　洗衣机拆装 　　情景一:演示电热水器实物的拆装 　　情景二:小组练习拆装电热水器 小组拆装展示、点评 任务四　常用洗衣机的常见故障的解析及检修 　　情景一:数码管不显示,且电热盘不热的故障排除 　　第1步:学生观察洗衣机的故障现象(实物预先设置故障) 　　第2步:小组讨论学习材料并完成故障的解析、诊断、维修方法的《任务分析书》 　　第3步:老师解析各组《任务分析书》 　　第4步:小组制作《检修计划书》,教师审定《检修计划书》 　　第5步:小组合作排除故障并填写维修报告 　　情景二:数码管显示,但电热盘不发热的故障排除 　　第1步:学生观察洗衣机的故障现象(实物预先设置故障)	

续表

序号	工作任务	教学活动	参考学时
11	洗衣机常见故障的解析和维修	第2步：小组讨论学习材料并完成故障的解析、诊断、维修方法的《任务分析书》 第3步：老师解析各组《任务分析书》 第4步：小组制作《检修计划书》，教师审定《检修计划书》 第5步：小组合作排除故障并填写维修报告 情景三：煮生饭或焦饭的故障排除 第1步：学生观察洗衣机的故障现象（实物预先设置故障） 第2步：小组讨论学习材料并完成故障的解析、诊断、维修方法的《任务分析书》 第3步：师生解析各组《任务分析书》 第4步：小组制作《检修计划书》，教师审定《检修计划书》 第5步：小组合作排除故障并填写维修报告 情景四：数码管显示 E1、E2 的故障排除 第1步：学生观察洗衣机的故障现象（实物预先设置故障） 第2步：小组讨论学习材料并完成故障的解析、诊断、维修方法的《任务分析书》 第3步：师生解析各组《任务分析书》 第4步：小组制作《检修计划书》，教师审定《检修计划书》 第5步：小组合作排除故障并填写维修报告 情景五：小组总结排故中遇到的问题和解决问题的方法（口述） 情景六：播放《洗衣机常见故障的解析和维修》视频 情景七：综合排故考核 第1步：小组互设故障 第2步：小组填写排除故障《任务分析书》和《计划书》 第3步：小组合作排除故障并填写维修报告 第4步：清晰地口述故障诊断的过程和依据 任务评价	

小组排故训练评价表

评价目标	评价项目	分值	评分
知识、技能目标（通过书面、观察、结果）	任务书完成情况	5	
	计划书完成情况	5	
	故障判断情况	10	
	故障检修情况	20	
	故障排除情况	20	
	维修报告填写情况	10	
态度目标（通过观察）	规范操作、安全文明	10	
	团队协作	10	
	主动学习	10	

续表

序号	工作任务	教学活动	参考学时
11	洗衣机常见故障的解析和维修	（三）鉴定 项目综合鉴定表 （四）拓展 1.学习资源介绍 （1）提供链接网站 （2）提供相关网络视频 （3）《家电维修》杂志 （4）不同型号产品的说明书 2.学习方法指导 （1）观察法 （2）小组合作学习	

项目综合鉴定表

鉴定环节	鉴定项目	分值	得分
任务一	洗衣机结构和工作原理口述	2	
	元件检测	3	
任务二	洗衣机的选购、使用和日常维护的情景创设	5	
任务三	洗衣机拆装展示	10	
任务四	过程排故（小组排故训练过程的平均分×30%）	30	
	综合考核排故（综合考核排故评分×50%）	50	
鉴定等级	备注：60 分以下为不合格；60～70 分为中；70～80 分为良；80 分以上为优秀		

5 实施建议

5.1 教材编写或选用

（1）参照本课程标准编写或选用教材，并以电子电器初、中级维修工有关行业国家职业标准为依据设计内容。

（2）教材思想：应充分体现任务引领、实践导向课程的设计思想。

（3）教材内容：应充分体现家用电器维修、家电生产和家电产品销售行业要求，内容由简而繁、图文并茂、生动形象，教材要体现通用性、实用性、适用性、易用性、先进性的原则。并注意突出产品应用、维修技能及新技术新工艺，特别是典型产品与流行产品。

（4）教材特点：根据家用电器产品维修的特点，以课程项目为主线，以工作任务为平台，以职业能力为要点，以技能训练为重点，突显项目任务，体现项目与任务、知识与技能、内容与岗位的结合，强调工作过程。

5.2　教材建议

（1）主要的教学组织形式是实训室授课和小组合作学习。

（2）教学方法的灵活性，组织学生讨论、分析与实践等。培养学生发现问题、分析问题、解决问题的能力和探究意识。

（3）采用项目化教学方法，做到以真实任务激发学生的学习热情，以实际的工作过程调动学生兴趣。

（4）采用一体化教学方法，做到教学过程与工作过程一体化、知识学习与技能训练一体化。

（5）适当组织学生参与社会维修实践，培养学生实际操作的兴趣和动手能力。

（6）采用直观性教学方法：做到项目直观明确，训练过程清楚、工作任务清晰、教学范例直观。

（7）尽量利用多媒体上课。借助声像呈示，提供给学生一个动态的、声情并茂的学习环境，让充分调动学生的视觉、听觉等感官，获得多方面的信息。

5.3　教学评价

（1）改革传统的学生评价手段和方法，采用阶段评价、综合评价、考核鉴定三级评价的模式。

（2）关注评价的多元性，该课程教学评价应兼顾认知、技能、态度等多个方面，评价方法应采用多元评价方式，如观察、口试、笔试与实践等，教师可按单元模块的内容和性质，针对学生的职业素质、岗位风貌、主动学习、独立分析、客观判断、小组合作情况、任务分析书、训练过程、成果演示、技能竞赛及考核鉴定情况等进行综合评价。

（3）应兼顾学生的资质及原有认知能力，考虑其自身提高和进步程度。对在学习和应用上有创新的学生特别应予鼓励，对于资质优异或能力强的学生可增加教学项目或提高项目难度，使其潜能获得充分发挥。对未通过评价的学生，教师应分析、诊断其原因，并适时实施补救教学，甚至有针对性地变通教学手段，如可对其慢慢引导，适当放缓进度要求。

5.4 课程资源

(1)注重实训时任务分析书的应用。

(2)建议加强课程资源的开发,建立诸如 PPT、仿真、图片等多媒体课程资源的数据库。有利于创设形象生动的工作情景,激发学生的学习兴趣,促进学生对知识的理解和掌握。

(3)积极开发和利用网络课程资源,充分利用诸如电热、电动器具相关维修视频、数字图书馆、电子论坛、数字资源平台等网上信息资源,使教学从单一媒体向多种媒体转变;使学生从单独的学习向工作学习转变。

(4)产学合作开发实验实训课程资源,充分利用本行业典型的生产企业的资源,进行产学合作,建立实习实训基地,实践"工学"交替,满足学生的实习实训,同时为学生的就业创造机会。

5.5 其他说明

本课程标准适用于中职院校电子与信息技术专业电子电器应用与维修方向。

"维修电工（中级）技能训练"课程标准

1 概 述

1.1 课程定位

本课程是中等职业学校电子与信息技术专业的一门专业方向课程,适用于中等职业学校电子与信息技术、机电技术、电气运行与控制类等专业,是从事机电设备维修电工岗位工作的必修课程,其主要功能是使学生掌握安全用电的常识、常用电工材料选用、电工仪表的使用、电工基本操作工艺及基本电路的安装维修,并为学习《机床电气控制及检修》等课程做好准备,能胜任机电设备维修电工岗位工作,同时培养学生严谨治学、认真工作的习惯。

前导课程有电工技术基础、电工技能与实训、电子技术基础、电子技能与实训、电机控制与拖动,还应与机械常识与钳工、照明系统的安装与维修同时开设。

1.2 设计思路

本课程的设计思路主要是依据"电子与信息技术专业工作任务与职业能力分析表"中的机床电器线路检测及维修的工作领域确定课程目标,设计课程内容,以工作任务为主线构建项目化课程。按工作过程设计学习过程,使学生通过系统的学习和培训掌握相关的知识和技能,逐步形成相关机电设备维修电工职业能力。

本课程的目的是培养能够胜任机电设备维修电工的初、中级技能型人才。立足于这一目的,本课程结合机电设备维修电工职业资格标准、中职学生身心发展特点和技能型人才培养规律的要求,依据职业能力分析得出的知识、技能和态度要求制订了包括知识、能力、态度3个方面的5条总体课程目标和具体课程目标。这5条目标分别涉及的是常用电工材料的选用、常用电工仪表的使用、电工基础、电工基本技能、安全用电及安全文明生产和岗位职责。教材编写(或选用)、教师授课、教学评价都应依据这一目标定位进行。

依据上述课程目标定位,本课程从知识、技能、态度3个方面对课程内容进行规划与设计,使课程内容更好地与工作岗位对接。

本课程是一门以理实一体为核心内容的课程,其教学以项目任务驱动法为主要方法,实行理实一体化教学,教学可在任务引领情境中进行。在学习情境中,建议在实训室实施理实一体化教学。可设计的项目包括工厂照明的安装、三相异步电机的双重正反转控制等项目。

每一个项目的学习都按以机电维修工的工作任务为载体设计的活动来进行,以工作任务为中心整合理论与实践,实现理论与实践的一体化教学。给学生提供更多的动手机会,提高专业技能。

本课程建议总课时为 108 学时,建议在第三学期开设。

2　课程目标

通过本课程的学习,使学生能达到从事维修电工岗位工作所必需的知识、技能、态度,达到具有中级维修电工职业资格的技能水平要求。

2.1　知识目标

- 能解释三相异步电动机的原理、结构、铭牌数据;
- 能理解变压器的原理、结构、铭牌数据;
- 能辨认常用电工工具;
- 能说出电工仪表的功能及原理;
- 能概述典型生产机械电气线路的工作原理。

2.2　技能目标

- 能正确熟练使用常用电工工具和仪表;
- 能正确熟练安装和调试电动机常用控制线路;
- 能正确熟练检修电动机常用控制线路故障。

2.3　情感态度目标

- 养成安全生产、服从意识和成本节约意识;
- 养成诚实、守信、吃苦耐劳的品德和良好的团队合作意识;
- 养成善于动脑、勤于思考、及时发现问题的学习习惯;
- 养成适应"6S"管理的工作习惯;
- 养成爱护设备和检测仪器的良好习惯。

3 课程内容和要求

序号	工作任务	知识要求	技能要求	情感态度要求	参考学时
1	安全文明生产	• 能掌握电工安全技术操作规程； • 能了解触电急救的相关知识； • 能了解电气火灾扑救的特点及方法。	• 能按照电工安全技术操作规程进行电工作业； • 能对触电者实施现场急救。	• 养成安全用电与节能减排的习惯； • 养成适应"6S"管理的工作习惯； • 提升发现、分析、解决问题的能力； • 具备良好的团队合作意识。	4
2	电工工具的使用与维护	• 能识别各种电工工具的类型； • 能说出各种电工工具的作用。	• 能选择各种电工工具； • 能使用各种电工工具。	• 养成安全用电与节能减排的习惯； • 养成适应"6S"管理的工作习惯； • 提升发现、分析、解决问题的能力； • 具备良好的团队合作意识。	6
3	基本操作工艺	• 能掌握导线的剖削和连接方法； • 能掌握基本的钳工操作方法； • 能掌握简单的焊工操作方法。	• 能使用电工工具对导线进行剖削和连接； • 能使用焊工工具对金属器件进行焊接和气割等； • 会用钳式工具对金属器件进行锉削、锯割、钻孔、攻丝、錾削等。	• 养成安全用电与节能减排的习惯； • 养成适应"6S"管理的工作习惯； • 提升发现、分析、解决问题的能力； • 具备良好的团队合作意识。	14
4	一般照明电路的安装与维修	• 能理解基本的电路符号含义； • 能理解单控、双控和多控等照明电路的工作原理。	• 能看懂电路图或框图、施工图； • 能安装常用照明控制电路； • 能维修照明电路常见故障； • 会填写维修报告。	• 养成安全用电与节能减排的习惯； • 养成适应"6S"管理的工作习惯； • 提升发现、分析、解决问题的能力； • 具备良好的团队合作意识。	14

序号	工作任务	知识要求	技能要求	情感态度要求	参考学时
5	常见电工测量仪表、仪器的使用	• 能了解常见仪表的结构和工作原理; • 能了解单、双臂电桥等专用仪器仪表的原理及使用维护。	• 能使用常见仪表(万用表、电压表、电流表、钳形表等); • 能使用专用仪器仪表(单、双臂电桥等); • 能维护各种仪表。	• 养成安全用电与节能减排的习惯; • 养成适应"6S"管理的工作习惯; • 提升发现、分析、解决问题的能力; • 具备良好的团队合作意识。	10
6	电动机和变压器知识	• 能了解三相异步电动机的结构与原理、特性、铭牌数据以及故障检修方法; • 能了解变压器的结构与原理、特性以及故障检修方法。	• 能识别三相异步电动机和变压器的结构单元和铭牌含义; • 能拆装三相异步电机、变压器; • 能排除三相异步电动机、变压器的简单故障; • 能分析变压器空载与负载运行特性; • 会填写维修报告。	• 养成安全用电与节能减排的习惯; • 养成适应"6S"管理的工作习惯; • 提升发现、分析、解决问题的能力; • 具备良好的团队合作意识。	16
7	电气控制线路的安装与调试	• 能了解三相异步电动机常见电路的原理(如正反转等); • 能了解三相异步电动机电路常见的故障及故障的诊断、处理方法。	• 能分析三相异步电动机常见的电路(如点动、长动、正反转、Y-△降压起动控制等电路图); • 能安装、调试常见的三相异步电动机控制电路; • 能分析、排除常见三相异步电动机控制电路故障; • 能填写维修报告。	• 养成安全用电与节能减排的习惯; • 养成适应"6S"管理的工作习惯; • 提升发现、分析、解决问题的能力; • 具备良好的团队合作意识。	22

续表

序号	工作任务	知识要求	技能要求	情感态度要求	参考学时
8	典型生产机械机床电气故障的排除	• 能了解典型生产机械机床的结构和电气工作原理； • 能了解典型生产机械机床的常见故障及故障的诊断、维修方法。	• 能看懂常见机床的说明书及产品电路图或框图等资料； • 能排除典型生产机械机床常见的电气故障； • 会填写维修报告。	• 养成安全用电与节能减排的习惯； • 养成适应"6S"管理的工作习惯； • 提升发现、分析、解决问题的能力； • 具备良好的团队合作意识。	16
9	机动（考核）				6
10		合　计			108

4　教学活动设计

序号	工作任务	教学活动	参考学时
1	安全文明生产	（一）动员 1.教学目标 （1）知识目标 • 能掌握电工安全技术操作规程； • 能了解触电急救的相关知识； • 能了解电气火灾扑救的特点及方法。 （2）技能目标 • 能按照电工安全技术操作规程进行电工作业； • 能对触电者实施现场急救。 （3）情感态度目标 • 养成安全用电与节能减排的习惯； • 养成适应"6S"管理的工作习惯； • 提升发现、分析、解决问题的能力； • 具备良好的团队合作意识。 2.教学组织形式 在实训室进行，采用先集中讲解、演示，后分组练习指导 3.学习方法指导 （1）教法：集中讲解、演示，分组指导、检查 （2）学法：讨论、练习、询问	4

序号	工作任务	教学活动	参考学时
1	安全文明生产	(二)训练 任务一　安全操作规程 【任务引入】 (1)教师实例演示效果 (2)教师展示工厂相关规程 【任务实施】 (1)学习工厂水电工维修人员岗位职责 (2)学习维修电工人员岗位职责及管理制度 【相关知识链接】 【任务评价】 任务二　触电急救 【任务引入】 由生活生产中触电事故引出学习急救知识的重要性 【任务实施】 (1)学习触电种类 (2)脱离电源的方法 (3)学习人工呼吸 (4)学习胸外心脏按压法 【相关知识链接】 【任务评价】	

【任务评价】（任务一）

评价内容	分值分配	得分	备注
能认真阅读岗位职责制度	30分		
能认真履行岗位职责	40分		
态度端正,能正确使用仪器设备,安全操作	15分		
能做到"6S"管理要求	15分		
总分(100分)			

【任务评价】（任务二）

评价内容	分值分配	得分	备注
能说出触电类型、产生原因	10分		
能正确进行人工呼吸	30分		
能正确进行胸外心脏按压法	30分		
能正确切断电源	10分		
能说出防止触电的措施	10分		
态度端正,能正确使用仪器设备,安全操作	5分		
能做到"6S"管理要求	5分		
总分(100分)			

续表

序号	工作任务	教学活动	参考学时
1	安全文明生产	任务三　电气火灾的扑灭 【任务引入】 2008 年 3 月石桥铺大火,事后查明是电气火灾。当我们遇到电气火灾后如何处理呢? 【任务实施】 (1)防用电引起的电气火灾 (2)扑灭电气火灾的方法 (3)防雷的方法 (4)节约用电 【相关知识链接】 【任务评价】	

评价内容	分值分配	得分	备注
能说出引起电火灾的原因	10 分		
能正确扑灭电火灾	20 分		
能说出常见避雷措施及原理	20 分		
能说出节约用电的措施	20 分		
能掌握雷雨时的注意事项	20 分		
态度端正,能正确使用仪器设备,安全操作	5 分		
能做到"6S"管理要求	5 分		
总分(100 分)			

(三)鉴定

评价内容	分值分配	得分	备注
任务一完成情况	15 分		
任务二完成情况	20 分		
任务三完成情况	20 分		
能正确说出本项目中用到的工具等理论知识	15 分		
能完成任意抽考三个任务中的一个或重新考查一个钳工的内容	20 分		
学生在学习过程中的出勤、纪律情况,发言、与同学协作互动情况,操作情况,仪器设备的使用情况,"6S"管理情况等	10 分		
总分(100 分)			

(四)拓展

通过查阅书籍,查询相关网站,了解多个电工工种方面的知识,丰富知识,拓宽眼界

序号	工作任务	教学活动	参考学时
2	电工工具的使用与维护	（一）动员 1.教学目标 （1）知识目标 • 能识别各种电工工具的类型； • 能说出各种电工工具的作用。 （2）技能目标 • 能选择各种电工工具； • 能使用各种电工工具。 （3）情感态度目标 • 养成诚实、守信、吃苦耐劳的品德和良好的团队合作意识； • 养成善于动脑、勤于思考、及时发现问题的学习习惯； • 养成适应"6S"管理的工作习惯； • 养成爱护设备和检测仪器的良好习惯； • 养成成本节约和安全生产意识。 2.教学组织形式 在电工实训室进行,采用先集中讲解、演示,后分组练习指导 3.学习方法指导 （1）教法:集中讲解、演示,分组指导、检查 （2）学法:讨论、练习、询问 （二）训练 任务一　常见工具的使用 【任务引入】 （1）教师实例演示效果 （2）分析任务要求 【任务实施】 （1）电笔判断有无电 （2）旋具的使用 （3）电工钢丝钳的使用 （4）尖嘴钳的使用 （5）剥线钳的使用 （6）电工刀的使用 （7）活动扳手的使用 【相关知识链接】	6

续表

序号	工作任务	教学活动	参考学时
2	电工工具的使用与维护	**【任务评价】** 	评价内容	分值分配	得分	备注
能正确使用电笔	10 分		
能正确使用旋具	15 分		
能正确使用电工钢丝钳	15 分		
能正确使用尖嘴钳	15 分		
能正确使用剥线钳	15 分		
能正确使用电工刀	10 分		
能正确使用活动扳手	10 分		
态度端正,能正确使用仪器设备,安全操作	5 分		
能做到"6S"管理要求	5 分		
总分(100 分)			| **任务二　电工防护工具** **【任务引入】** (1)教师实例演示效果 (2)分析任务要求 **【任务实施】** (1)使用安全带 (2)使用绝缘手套 (3)使用绝缘靴 (4)使用绝缘垫 (5)使用绝缘拉杆 (6)安全标语的书写 **【相关知识链接】** **【任务评价】** | 评价内容	分值分配	得分	备注
能正确使用安全带	15 分		
能正确使用绝缘手套	15 分		
能正确使用绝缘靴	10 分		
能正确使用绝缘垫	15 分		
能正确使用绝缘拉杆	15 分		
能正确书写安全提示语	10 分		
态度端正,能正确使用仪器设备,安全操作	10 分		
能做到"6S"管理要求	10 分		
总分(100 分)					

序号	工作任务	教学活动	参考学时
2	电工工具的使用与维护	任务三 电工专用工具 【任务引入】 (1)教师实例演示效果 (2)分析任务要求 【任务实施】 (1)使用断线钳 (2)使用喷灯 (3)使用紧线钳 (4)使用登高工具 (5)使用压接钳 【相关知识链接】 【任务评价】	

【任务评价】

评价内容	分值分配	得分	备注
能正确使用断线钳	15 分		
能正确使用喷灯	20 分		
能正确使用紧线钳	20 分		
能正确使用登高工具	20 分		
能正确使用压接钳	15 分		
态度端正,能正确使用仪器设备,安全操作	5 分		
能做到"6S"管理要求	5 分		
总分(100 分)			

(三)鉴定

评价内容	分值分配	得分	备注
任务一完成情况	15 分		
任务二完成情况	20 分		
任务三完成情况	20 分		
能正确说出本项目中用到的所有工具及使用注意事项	15 分		
能完成任意抽考 3 个任务中的一个或重新考查一个安全标语的内容	20 分		
学生在学习过程中的出勤、纪律情况,发言、与同学协作互动情况,操作情况,仪器设备的使用情况,"6S"管理情况等	10 分		
总分(100 分)			

(四)拓展

通过查阅书籍,查询相关网站,了解多个电工工种方面的知识,丰富知识,拓宽眼界

续表

序号	工作任务	教学活动	参考学时
3	基本操作工艺	（一）动员 1.教学目标 （1）知识目标 • 能掌握导线的剖削和连接方法； • 能掌握基本的钳工操作方法； • 能掌握简单的焊工操作方法。 （2）技能目标 • 能使用电工工具对导线进行剖削和连接； • 能使用焊工工具对金属器件进行焊接和气割等； • 会用钳式工具对金属器件进行锉削、锯割、钻孔、攻丝、錾削等。 （3）情感态度目标 • 养成安全用电与节能减排的习惯； • 养成适应"6S"管理的工作习惯； • 提升发现、分析、解决问题的能力； • 具备良好的团队合作意识。 2.教学组织形式 在电工实训室进行，采用先集中讲解、演示，后分组练习指导 3.学习方法指导 （1）教法：集中讲解、演示，分组指导、检查 （2）学法：讨论、练习、询问 （二）训练 任务一　导线剖削与连接 【任务引入】 （1）教师实例演示效果 （2）分析任务要求 【任务实施】 （1）单层剖削 （2）分段剖削 （3）斜削导线 （4）单股导线直接连接 （5）单股导线丁字形连接 （6）多股导线的缠绕与连接 【相关知识链接】	14

序号	工作任务	教学活动				参考学时
3	基本操作工艺	【任务评价】				

【任务评价】（序号3 基本操作工艺）

评价内容	分值分配	得分	备注
能正确单层剖削	5 分		
能正确分段剖削	10 分		
能正确斜削导线	10 分		
能正确单股导线直接连接	15 分		
能正确单股导线丁字形连接	15 分		
能正确多股导线缠绕与连接	20 分		
能正确锡焊接	5 分		
能正确使用剖削、连接工具	10 分		
态度端正，能正确使用仪器设备，安全操作	5 分		
能做到"6S"管理要求	5 分		
总分（100 分）			

任务二　气割

【任务引入】

(1)教师实例演示效果

(2)分析任务要求

【任务实施】

(1)气割刀的认识

(2)气割刀的使用

(3)气割钢条、钢板

(4)气割刀的使用维护

(5)用电烙铁来进行焊接、搪锡

【相关知识链接】

【任务评价】

评价内容	分值分配	得分	备注
能正确说出气割刀类型	10 分		
能正确说出气割刀积分名称	15 分		
能正确操作气割刀	15 分		
能正确气割钢条	20 分		
能正确气割钢板	20 分		
能正确使用电烙铁焊接	10 分		
态度端正，能正确使用仪器设备，安全操作	5 分		
能做到"6S"管理要求	5 分		
总分（100 分）			

续表

序号	工作任务	教学活动	参考学时
3	基本操作工艺	任务三　基本的钳工操作 【任务引入】 (1)教师实例演示效果 (2)分析任务要求 【任务实施】 (1)选用工具类型 (2)錾子的使用 (3)锉的使用 (4)钢锯的使用 (5)钻孔工具的使用 (6)攻丝工具的使用 【相关知识链接】 【任务评价】	

评价内容	分值分配	得分	备注
能正确选用工具类型	5 分		
能正确使用錾子划线和錾削	15 分		
能正确使用锉刀锉削	15 分		
能正确使用钢锯进行锯割	20 分		
能正确使用丝锥攻螺纹	15 分		
能正确使用板牙套螺纹	10 分		
能正确弯管	10 分		
态度端正,能正确使用仪器设备,安全操作	5 分		
能做到"6S"管理要求	5 分		
总分(100 分)			

(三)鉴定

评价内容	分值分配	得分	备注
任务一完成情况	15 分		
任务二完成情况	20 分		
任务三完成情况	20 分		
能正确说出本项目中用到的工具	15 分		
能完成任意抽考 3 个任务中的一个或重新考查一个钳工的内容	20 分		
学生在学习过程中的出勤、纪律情况,发言、与同学协作互动情况,操作情况,仪器设备的使用情况,"6S"管理情况等	10 分		
总分(100 分)			

序号	工作任务	教学活动	参考学时
3	基本操作工艺	(四)拓展 通过查阅书籍,查询相关网站,了解多个电工工种方面的知识,丰富知识,拓宽眼界	
4	一般照明电路的安装与维修	(一)动员 1.教学目标 (1)知识目标 ●能理解基本的电路符号含义; ●能理解单控、双控和多控等照明电路的工作原理。 (2)技能目标 ●能看懂电路图或框图、施工图; ●能安装常用照明控制电路; ●能维修照明电路常见故障; ●会填写维修报告。 (3)情感态度目标 ●养成诚实、守信、吃苦耐劳的品德和良好的团队合作意识; ●养成善于动脑、勤于思考、及时发现问题的学习习惯; ●养成适应"6S"管理的工作习惯; ●养成爱护设备和检测仪器的良好习惯; ●养成成本节约和安全生产意识。 2.教学组织形式 在电工实训室进行,采用先集中讲解、演示,后分组练习指导 3.学习方法指导 (1)教法:集中讲解、演示,分组指导、检查 (2)学法:讨论、练习、询问 (二)训练 任务一　懂常见的照明电路图 【任务引入】 (1)教师实例演示效果 (2)分析任务要求 【任务实施】 (1)常用照明线路的符号表示 (2)常用灯具的符号表示 (3)常用开关的符号表示 (4)原理图的识读 (5)建筑电气图的识读 【相关知识链接】 【任务评价】	14

续表

序号	工作任务	教学活动	参考学时

教学活动栏内容：

评价内容	分值分配	得分	备注
能正确识别常用照明线路的符号	10分		
能正确识别常用灯具的符号	15分		
能正确画出常用开关符号	15分		
能正确识读原理图	15分		
能正确识读建筑电气图	15分		
能正确说出本任务中所用到的符号	15分		
态度端正，能正确使用仪器设备，安全操作	10分		
能做到"6S"管理要求	5分		
总分（100分）			

任务二　常用照明电路的安装

【任务引入】

（1）教师实例演示效果

（2）分析任务要求

【任务实施】

（1）选用开关、灯具类型

（2）灯的单控

（3）灯的双控

（4）灯的三控

（5）日光灯电路

（6）电路故障的检修

【相关知识链接】

【任务评价】

评价内容	分值分配	得分	备注
能正确选用开关、灯具类型	5分		
能正确安装灯的单控电路	10分		
能正确安装灯的双控电路	15分		
能正确安装灯的三控电路	15分		
能正确安装日光灯电路	15分		
能正确检修照明电路	15分		
能正确说出本任务中所用工具及材料	15分		
态度端正，能正确使用仪器设备，安全操作	5分		
能做到"6S"管理要求	5分		
总分（100分）			

序号4　工作任务：一般照明电路的安装与维修

任务三　电度表的安装使用

【任务引入】

序号	工作任务	教学活动	参考学时
4	一般照明电路的安装与维修	(1)教师实例演示效果 (2)分析任务要求 【任务实施】 (1)选用电度表的类型 (2)了解电度表的结构 (3)电度表的安装接线方式 (4)电度表的读数 (5)电度表的维护 【相关知识链接】 【任务评价】 （表格见下） (三)鉴定 （表格见下） (四)拓展 通过查阅书籍,查询家装网站,了解家用照明的知识,丰富知识,拓宽眼界	

【任务评价】

评价内容	分值分配	得分	备注
能正确选用电度表类型	10 分		
能正确说出电度表结构	10 分		
能正确画出电度表接线图	15 分		
能正确读出电度表数据	15 分		
能判断电度表故障	20 分		
能正确现场安装电路	10 分		
能正确说出本任务中所用到的工具	10 分		
态度端正,能正确使用仪器设备,安全操作	5 分		
能做到"6S"管理要求	5 分		
总分(100 分)			

(三)鉴定

评价内容	分值分配	得分	备注
任务一完成情况	15 分		
任务二完成情况	20 分		
任务三完成情况	20 分		
能正确说出本项目中用到的工具和器件	15 分		
能完成任意抽考 3 个任务中的一个或重新考查一个控制常见设备的内容	20 分		
学生在学习过程中的出勤、纪律情况,发言、与同学协作互动情况,操作情况,仪器设备的使用情况,"6S"管理情况等	10 分		
总分(100 分)			

续表

序号	工作任务	教学活动	参考学时
5	常见电工测量仪表、仪器的使用	（一）动员 1.教学目标 （1）知识目标 •能了解常见仪表的结构和工作原理； •能了解单、双臂电桥等专用仪器仪表的原理及使用维护。 （2）技能目标 •能使用常见仪表（万用表、电压表、电流表、钳形表等）； •能使用专用仪器仪表（单、双臂电桥等）； •能维护各种仪表。 （3）情感态度目标 •养成安全用电与节能减排的习惯； •养成适应"6S"管理的工作习惯； •提升发现、分析、解决问题的能力； •具备良好的团队合作意识。 2.教学组织形式 在电工实训室进行，先集中讲解、演示，后分组练习指导 3.学习方法指导 （1）教法：集中讲解、演示，分组指导、检查 （2）学法：讨论、练习、询问 （二）训练 任务一　常见仪表的使用 【任务引入】 （1）教师实例演示效果 （2）分析任务要求 【任务实施】 （1）万用表的使用 （2）电压表的使用 （3）电流表的使用 （4）频率表的使用 【相关知识链接】 【任务评价】	10

序号	工作任务	教学活动	参考学时
5	常见电工测量仪表、仪器的使用		

评价内容	分值分配	得分	备注
能正确选用电压表类型	20 分		
能正确选用电流表类型	20 分		
能正确使用万用表	30 分		
能正确使用频率计	20 分		
态度端正,能正确使用仪器设备,安全操作	5 分		
能做到"6S"管理要求	5 分		
总分(100 分)			

任务二　单、双臂电桥的使用

【任务引入】

(1)教师实例演示效果

(2)分析使用要求

【任务实施】

(1)选用电桥类型

(2)画出电桥原理图

(3)画出测试接线图

(4)使用直流单臂电桥测试电阻

(5)使用直流双臂电桥测试电阻

(6)电桥的使用维护

【相关知识链接】

【任务评价】

评价内容	分值分配	得分	备注
能正确选用电桥类型	10 分		
能正确画出原理图	10 分		
能正确画出测试接线图	10 分		
能正确使用单臂电桥	15 分		
能正确使用双臂电桥	15 分		
能正确使用电桥	15 分		
能正确说出本任务中所用到的器件名称	15 分		
态度端正,能正确使用仪器设备,安全操作	5 分		
能做到"6S"管理要求	5 分		
总分(100 分)			

任务三　接地电阻测量仪和示波器的使用与维护

【任务引入】

(1)教师实例演示效果

(2)分析目的要求

续表

序号	工作任务	教学活动	参考学时
5	常见电工测量仪表、仪器的使用	【任务实施】 (1)选用摇表和示波器类型 (2)用摇表测绝缘性能 (3)用示波器测试交流信号 (4)分析物体的绝缘性能 (5)分析示波器的图解数据 (6)现场维护 【相关知识链接】 【任务评价】 （下表） （三）鉴定 （下表） （四）拓展 通过查阅书籍，查询相关网站，了解电工仪表等方面的知识，丰富理论，拓宽眼界	

评价内容	分值分配	得分	备注
能正确选用摇表类型	10 分		
能正确选用示波器类型	15 分		
能正确连接摇表接线	10 分		
能正确连接示波器外部接线	15 分		
能正确使用摇表和示波器	15 分		
能正确进行现场维护	10 分		
能正确说出本任务中所用到的仪器名称	15 分		
态度端正，能正确使用仪器设备，安全操作	5 分		
能做到"6S"管理要求	5 分		
总分(100 分)			

评价内容	分值分配	得分	备注
任务一完成情况	15 分		
任务二完成情况	20 分		
任务三完成情况	20 分		
能正确说出本项目中用到的所有工具及使用注意事项	15 分		
能完成任意抽考 3 个任务中的一个或重新考查一个安全标语的内容	20 分		
学生在学习过程中的出勤、纪律情况，发言、与同学协作互动情况，操作情况，仪器设备的使用情况，"6S"管理情况等	10 分		
总分(100 分)			

序号	工作任务	教学活动	参考学时
6	电动机和变压器知识	(一)动员 1.教学目标 (1)知识目标 •能了解三相异步电动机的结构与原理、特性、铭牌数据以及故障检修方法; •能了解变压器的结构与原理、特性以及故障检修方法。 (2)技能目标 •能识别三相异步电动机和变压器的结构单元和铭牌含义; •能拆装三相异步电机、变压器; •能排除三相异步电动机、变压器简单故障; •能分析变压器空载与负载运行特性; •会填写维修报告。 (3)情感态度目标 •养成安全用电与节能减排的习惯; •养成适应"6S"管理的工作习惯; •提升发现、分析、解决问题的能力; •具备良好的团队合作意识。 2.教学组织形式 在电工实训室进行,采用先集中讲解、演示,后分组练习指导 3.学习方法指导 (1)教法:集中讲解、演示,分组指导、检查 (2)学法:讨论、练习、询问 (二)训练 任务一　电动机的使用与维护 【任务引入】 (1)教师实例演示效果 (2)分析目的要求 【任务实施】 (1)电动机的铭牌识读 (2)电动机的连接 (3)电动机的拆装 (4)电动机的日常使用维护 【相关知识链接】 【任务评价】	16

续表

序号	工作任务	教学活动	参考学时
6	电动机和变压器知识	（见下文表格及任务内容）	

评价内容	分值分配	得分	备注
能正确识读铭牌内容	10 分		
能正确说出电动机类型	5 分		
能正确连接电动机类型	15 分		
能正确判断首尾端	20 分		
能正确拆装电动机	40 分		
态度端正，能正确使用仪器设备，安全操作	5 分		
能做到"6S"管理要求	5 分		
总分（100 分）			

任务二　变压器的使用与维护

【任务引入】

（1）教师实例演示效果

（2）分析使用要求

【任务实施】

（1）变压器铭牌识读

（2）变压器的空载与负载分析

（3）变压器的特性分析

（4）变压器的连接组别与并联运行

（5）变压器的使用日常维护

【相关知识链接】

【任务评价】

评价内容	分值分配	得分	备注
能正确识读铭牌内容	10 分		
能正确说出变压器类型	10 分		
能正确测试电流和电压	10 分		
能正确分析数据	15 分		
能正确拆装常见小型变压器	15 分		
能正确连接变压器	15 分		
能正确说出本任务中所用到的器件名称	15 分		
态度端正，能正确使用仪器设备，安全操作	5 分		
能做到"6S"管理要求	5 分		
总分（100 分）			

续表

序号	工作任务	教学活动	参考学时
6	电动机和变压器知识	（三）鉴定 | 评价内容	分值分配	得分	备注
任务一完成情况	30分		
任务二完成情况	30分		
能正确说出本项目中用到的仪器、仪表	10分		
能完成任意抽考两个任务中的一个或重新考查一个应用的内容	20分		
学生在学习过程中的出勤、纪律情况,发言、与同学协作互动情况,操作情况,仪器设备的使用情况,"6S"管理情况等	10分		
总分(100分)				 （四）拓展 通过查阅书籍,查询相关网站,了解电动机和变压器等方面的知识,丰富知识,拓宽眼界	
7	电气控制线路的安装与调试	（一）动员 1.教学目标 （1）知识目标 •能了解三相异步电动机常见电路的原理(如正反转等); •能了解三相异步电动机电路常见的故障及故障的诊断、处理方法。 （2）技能目标 •能分析三相异步电动机常见的电路(如点动、长动、正反转、Y-△降压起动控制等电路图); •能安装、调试常见的三相异步电动机控制电路; •能分析、排除常见三相异步电动机控制电路故障; •能填写维修报告。 （3）情感态度目标 •养成安全用电与节能减排的习惯; •养成适应"6S"管理的工作习惯; •提升发现、分析、解决问题的能力; •具备良好的团队合作意识。 2.教学组织形式 在电机拖动实训室进行,采用先集中讲解、演示,后分组练习指导	22

续表

序号	工作任务	教学活动	参考学时
7	电气控制线路的安装与调试	3.学习方法指导 (1)教法:集中讲解、演示,分组指导、检查 (2)学法:讨论、练习、询问 (二)训练 任务一　三相异步电动机点动、长动控制 【任务引入】 (1)教师实例演示效果 (2)分析控制要求 【任务实施】 (1)电路分析 (2)三相异步电动机的点动控制 (3)三相异步电动机的长动控制 (4)三相异步电动机的点、长动混合控制 (5)故障分析处理 (6)现场维护 【相关知识链接】 【任务评价】	

评价内容	分值分配	得分	备注
能正确分析电路工作原理	10分		
能正确选用电器、耗材类型	15分		
能正确连接点动控制电路	15分		
能正确连接长动控制电路	15分		
能正确连接混合电路	20分		
能正确分析处理故障	15分		
态度端正,能正确使用仪器设备,安全操作	5分		
能做到"6S"管理要求	5分		
总分(100分)			

任务二　三相异步电动机正反转控制
【任务引入】
(1)教师实例演示效果
(2)分析控制要求
【任务实施】
(1)选用电器类型
(2)分析电路工作原理
(3)三相异步电动机的正反转控制电路的连接
(4)故障分析处理
(5)现场维护

序号	工作任务	教学活动	参考学时

【相关知识链接】
【任务评价】

评价内容	分值分配	得分	备注
能正确选用电器、耗材类型	10 分		
能正确画出原理图	10 分		
能正确分析工作原理	10 分		
能正确安装电路	30 分		
能正确控制正反转	5 分		
能正确分析、处理故障	15 分		
能正确说出本任务中所用的器件名称	10 分		
态度端正,能正确使用仪器设备,安全操作	5 分		
能做到"6S"管理要求	5 分		
总分(100 分)			

任务三　三相异步电动机 Y-△降压起动控制
【任务引入】
(1)教师实例演示效果
(2)分析控制要求
【任务实施】
(1)选用电器、线材类型
(2)分析电路工作原理
(3)安装电路并通电试车
(4)分析处理故障
(5)现场维护
【相关知识链接】
【任务评价】

(序号7　工作任务：电气控制线路的安装与调试)

评价内容	分值分配	得分	备注
能正确选用电器、线材类型	10 分		
能正确画出原理图	10 分		
能正确分析工作原理	10 分		
能正确安装电路	30 分		
能正确控制	5 分		
能正确分析、处理故障	15 分		
能正确说出本任务中所用的仪器名称	10 分		
态度端正,能正确使用仪器设备,安全操作	5 分		
能做到"6S"管理要求	5 分		
总分(100 分)			

续表

序号	工作任务	教学活动	参考学时
7	电气控制线路的安装与调试	任务四　三相异步电动机能耗制动控制 【任务引入】 (1)教师实例演示效果 (2)分析控制要求 【任务实施】 (1)选用电器、线材类型 (2)分析电路工作原理 (3)安装电路并通电试车 (4)分析处理故障 (5)现场维护 【相关知识链接】 【任务评价】	

评价内容	分值分配	得分	备注
能正确选用电器、线材类型	10 分		
能正确画出原理图	10 分		
能正确分析工作原理	10 分		
能正确安装电路	30 分		
能正确控制	5 分		
能正确分析、处理故障	15 分		
能正确说出本任务中所用的仪器名称	10 分		
态度端正，能正确使用仪器设备，安全操作	5 分		
能做到"6S"管理要求	5 分		
总分(100 分)			

任务五　三相异步电动机多机顺序控制

【任务引入】

(1)教师实例演示效果

(2)分析控制要求

【任务实施】

(1)选用电器、线材类型

(2)分析电路工作原理

(3)安装电路并通电试车

(4)分析处理故障

(5)现场维护

续表

序号	工作任务	教学活动	参考学时
7	电气控制线路的安装与调试	【相关知识链接】 【任务评价】	

【任务评价】

评价内容	分值分配	得分	备注
能正确选用电器、线材类型	10 分		
能正确画出原理图	10 分		
能正确分析工作原理	10 分		
能正确安装电路	30 分		
能正确控制	5 分		
能正确分析、处理故障	15 分		
能正确说出本任务中所用的仪器名称	10 分		
态度端正,能正确使用仪器设备,安全操作	5 分		
能做到"6S"管理要求	5 分		
总分(100 分)			

(三)鉴定

评价内容	分值分配	得分	备注
任务一完成情况	10 分		
任务二完成情况	10 分		
任务三完成情况	15 分		
任务四完成情况	15 分		
任务五完成情况	15 分		
能正确说出本项目中用的仪器、仪表	10 分		
能完成任意抽考五个任务中的一个或重新考查一个应用的内容	15 分		
学生在学习过程中的出勤、纪律情况,发言、与同学协作互动情况,操作情况,仪器设备的使用情况,"6S"管理情况等	10 分		
总分(100 分)			

(四)拓展
通过查阅书籍,查询相关网站,了解电力拖动、电气自动化等方面的知识,丰富知识,拓宽眼界

续表

序号	工作任务	教学活动	参考学时
8	机床电气故障的排除	（一）动员 1.教学目标 （1）知识目标 ●能了解典型生产机械机床的结构和电气工作原理； ●能了解典型生产机械机床的常见故障及故障的诊断、维修方法。 （2）技能目标 ●能看懂常见机床的说明书及产品电路图或框图等资料； ●能排除典型生产机械机床常见的电气故障； ●会填写维修报告。 （3）情感态度目标 ●养成安全用电与节能减排的习惯； ●养成适应"6S"管理的工作习惯； ●提升发现、分析、解决问题的能力； ●具备良好的团队合作意识。 2.教学组织形式 在电气实训室进行，采用先集中讲解、演示，后分组练习指导 3.学习方法指导 （1）教法：集中讲解、演示，分组指导、检查 （2）学法：讨论、练习、询问 （二）训练 任务一　C6030普通车床的电气维修 【任务引入】 （1）教师实例演示效果 （2）分析维修要求 【任务实施】 （1）产品说明书的识读 （2）电气原理图的识读 （3）故障的判断 （4）故障的排除 （5）填写维修报告 【相关知识链接】 【任务评价】	16

续表

序号	工作任务	教学活动	参考学时

评价内容	分值分配	得分	备注
能正确识读产品说明书	20分		
能正确识读电气原理图	20分		
能正确判断故障	30分		
能正确排除故障	20分		
态度端正,能正确使用仪器设备,安全操作	5分		
能做到"6S"管理要求	5分		
总分(100分)			

任务二 M7120平面磨床的电气维修

【任务引入】

(1)教师实例演示效果

(2)分析维修要求

8 机床电气故障的排除

【任务实施】

(1)产品说明书的识读

(2)电气原理图的识读

(3)故障的判断

(4)故障的排除

(5)填写维修报告

【相关知识链接】

【任务评价】

评价内容	分值分配	得分	备注
能正确识读产品说明书	20分		
能正确识读电气原理图	20分		
能正确判断故障	30分		
能正确排除故障	20分		
态度端正,能正确使用仪器设备,安全操作	5分		
能做到"6S"管理要求	5分		
总分(100分)			

续表

序号	工作任务	教学活动	参考学时
8	机床电气故障的排除	任务三　X62 万能铣床的电气维修 【任务引入】 (1)教师实例演示效果 (2)分析维修要求 【任务实施】 (1)产品说明书的识读 (2)电气原理图的识读 (3)故障的判断 (4)故障的排除 (5)填写维修报告 【相关知识链接】 【任务评价】	

评价内容	分值分配	得分	备注
能正确识读产品说明书	20 分		
能正确识读电气原理图	20 分		
能正确判断故障	30 分		
能正确排除故障	20 分		
态度端正，能正确使用仪器设备，安全操作	5 分		
能做到"6S"管理要求	5 分		
总分(100 分)			

(三)鉴定

评价内容	分值分配	得分	备注
任务一完成情况	15 分		
任务二完成情况	20 分		
任务三完成情况	20 分		
能正确说出本项目中用的仪器、仪表	15 分		
能完成任意抽考 3 个任务中的一个或重新考查一个应用的内容	20 分		

续表

序号	工作任务	教学活动	参考学时
8	机床电气故障的排除	续表 | 评价内容	分值分配	得分	备注
学生在学习过程中的出勤、纪律情况,发言、与同学协作互动情况,操作情况,仪器设备的使用情况,"6S"管理情况等	10分		
总分(100分)				 (四)拓展 通过查阅书籍,查询机电设备维修相关网站,了解机电设备维修等方面的知识,丰富知识,拓宽眼界	

5　实施建议

5.1　教材编写或选用

(1)依据本课程标准编写或选用教材,教材应充分体现任务引领、实践导向课程的设计思想。

(2)教材应将本专业职业活动分解成 5 个典型的工作项目,按完成工作项目的需要和岗位操作规程,结合职业技能证书考证组织教材内容。要通过讲解演示、模拟仿真、理实一体教学并运用所学知识进行评价,引入必需的理论知识,增加实践实操内容,强调理论在实践过程中的应用。

(3)教材应图文并茂,提高学生的学习兴趣,加深学生对维修电工的认识和理解。教材表达必须精练、准确、科学。

(4)教材内容应体现先进性、通用性、实用性,要将本专业新技术、新工艺、新材料及时地纳入教材,使教材更贴近本专业的发展和实际需要。

(5)教材中活动设计的内容要具体,并具有可操作性。

5.2　教学建议

(1)在教学过程中,应立足于加强学生实际操作能力的培养,采用项目教学法,以任务驱动方式进行,提高学生的学习兴趣,激发学生的成就动机。

(2)本课程教学的关键是现场教学,应选用维修实例为载体,在教学过程中,教师示范和学生分组讨论、训练互动,学生提问与教师解答、指导有机结合,让学生在"教"与"学"过程中,会进行现场维护和维修。

(3)在教学过程中,要创设工作情境,加大实践实操的容量,要紧密结合职业技能证书的考证,加强考证实操项目的训练,在实践实操过程中,使学生掌握如何根据现场实际要求进行电工操作,提高学生的岗位适应能力。

(4)在教学过程中,要重视本专业领域新技术、新工艺、新材料的发展趋势,贴近企业、贴近生产。为学生提供职业生涯发展的空间,努力培养学生参与社会实践的创新精神和职业能力。

(5)教学过程中教师应积极引导学生提升职业素养,提高职业道德。

5.3 教学评价

(1)改革传统的评价手段和方法,采用每完成一个任务就进行阶段评价,每完成一个项目就进行目标评价,注重过程性评价的重要性。

(2)关注评价的多元性,结合课堂提问、学生作业、任务训练情况、技能过手情况、任务阶段测验、项目目标考核,作为平时成绩,占总成绩的70%;理论考试和实际操作作为期末成绩,其中理论考试占30%,实际操作考试占70%,占总成绩的30%。

(3)应注重学生动手能力和实践中分析问题、解决问题能力的考核,对在学习和应用上有创新的学生应予以特别鼓励,全面综合评价学生能力。

5.4 课程资源

(1)注重实训指导书和实训教材的开发和应用。

(2)注重课程资源和现代化教学资源的开发和利用,如多媒体的应用,这些资源有利于创设形象生动的工作情境,激发学生的学习兴趣,促进学生对知识的理解和掌握。同时,建议加强课程资源的开发,建立多媒体课程资源的数据库,努力实现跨学校多媒体资源的共享,以提高课程资源利用效率。

(3)积极开发和利用网络课程资源,充分利用诸如电子书籍、电子期刊、数据库、数字图书馆、教育网站和电子论坛等网上信息资源,使教学从单一媒体向多种媒体转变;教学活动从信息的单向传递向双向交换转变;学生单独学习向合作学习转变。同时应积极创造条件搭建远程教学平台,扩大课程资源的交互空间。

(4)产学合作开发实训课程资源,充分利用校内外实训基地进行产学合作,实践"工学"交替,满足学生的实习、实训,同时为学生的就业创造机会。

(5)建立本专业开放式实训中心,使之具备现场教学、实训、职业技能证书考证的功能,实现教学与实训合一、教学与培训合一、教学与考证合一,满足学生综合职业能力培养的要求。

5.5 其他说明

本课程教学标准适用于中职院校电子与信息技术专业机电一体化方向。

"照明电路安装与维修"课程标准

1 概 述

1.1 课程定位

本课程是中等职业学校电子与信息技术专业的一门专业方向课程,适用于中等职业学校机电技术专业、电气运行与控制类等专业,是从事机电设备维修电工岗位工作的必修课程,也是家装行业的一门必修课程,其主要功能是使学生掌握机电设备的安装原理及其应用,具备家装水、电气设备、装置、元器件等的选择、安装、使用、调试的操作能力,能胜任家装水电工岗位工作。

前导课程有电工技术基础、电工技能与实训、电子技术基础、电子技能与实训、电机控制与拖动,还应与机械常识与钳工、维修电工技能训练同时开设,其后续课程有传感器检测技术、机床电气控制及检修等。

1.2 设计思路

本课程的设计思路是以"电子与信息技术专业工作任务与职业能力分析表"中的家装电路的安装与维护工作领域和学生职业生涯发展为主线,构建项目化课程,并以此确定课程目标、设计课程内容。按工作过程设计学习过程,使学生通过系统的学习和培训掌握相关的知识和技能,逐步具备相关家装水电设备安装与维修的专业能力。

本课程的目的是培养能够胜任家装水电工中、高级技能型人才。立足这一目标,本课程结合机电设备维修电工职业资格标准、家装行业标准以及中职学生身心发展特点和技能型人才培养规律的要求,依据职业能力分析得出的知识、技能和态度要求制订了包括知识、能力、态度3个方面的总体课程目标和具体课程目标。教材编写、教师授课、教学评价都应依据这一目标定位进行。

依据上述课程目标定位,本课程从知识、技能、态度3个方面对课程内容进行规划与设计,以使课程内容更好地与工作岗位对接。技能及其学习要求采取了"能(会)做⋯⋯"的形式进行描述,知识及其学习要求则采取了"能描述……"和"能理解……"的形式进行描述。

本课程是一门以理实一体为核心内容的课程,其教学以项目任务驱动法为主要方法进行教学,教学可在任务引领情境中进行。在学习情境中,建议在实训室设置理实一体化教学情境。可设计的项目包括家装水电工工具及仪表的认识和使用、水电材料的认识与使用、通用技能、识读电气图并进行线路和器具的连接、暗装技能等项目。每一个项目的学习都以家装水电工的工作任务为载体设计的活动来进行,以工作任务为中心整合理论与实践,实现理论与实践一体化的教学。给学生提供更多的动手机会,提高专业技能。

本课程建议总课时为 108 学时,建议在第三学期开设。

2 课程目标

通过本课程的学习,使学生能具备从事家装水电工岗位工作所必需的知识、技能、态度,达到具有中级维修电工职业资格的技能要求。

2.1 知识目标

- 能理解家用水电设备、管道、装置、器件等的基本结构、工作原理、工作过程;
- 能描述家用水电设备、管道、装置、器件等设计原则与步骤。

2.2 技能目标

- 能正确认识和使用家装水电工的常用工具、仪表、材料及器件等;
- 能对具体的住房进行水、电气管道路、线路、设备、装置、器件等设计,并画出家用水电设备、管道、装置、器件等的结构图;
- 能根据水电气设备、管道、装置、器件等的结构图进行安装、调试与维修。

2.3 情感态度目标

- 养成安全生产和成本节约的习惯;
- 养成适应"6S"管理的工作习惯;
- 养成爱护设备和检测仪器的良好习惯;
- 养成善于动脑、勤于思考的学习习惯,提升及时发现问题的能力;

• 具备诚实、守信、吃苦耐劳的品德和良好的团队合作意识。

3　课程内容和要求

序号	工作任务	知识要求	技能要求	情感态度要求	参考学时
1	家装水电工工具、仪表的认识和使用	• 能说出各种家装水电工工具的类型和作用； • 能说出家装水电工仪表的功能。	• 能使用各种家装水电工工具； • 能使用家装水电工仪表。	• 养成安全生产和成本节约的习惯； • 养成适应"6S"管理的工作习惯； • 养成爱护设备和检测仪器的良好习惯； • 养成善于动脑、勤于思考的学习习惯，提升及时发现问题的能力； • 具备诚实、守信、吃苦耐劳的品德和良好的团队合作意识。	8
2	水电材料的认识与使用	• 能正确认识家居装饰管材、管件； • 能根据各种家庭的具体情况估算管材、管件的用量； • 能正确认识常用强、弱电电线、电缆与接口等； • 能根据各种家庭的具体情况估算强、弱电电线、电缆与接口等的用量。	• 能根据各种家庭的具体情况正确选择家居装饰管材、管件； • 能安装家居装饰管材、管件； • 能正确选择常用强、弱电电线、电缆与接口等； • 能正确安装常用强、弱电电线、电缆与接口等。	• 养成安全生产和成本节约的习惯； • 养成适应"6S"管理的工作习惯； • 养成爱护设备和检测仪器的良好习惯； • 养成善于动脑、勤于思考的学习习惯，提升及时发现问题的能力； • 具备诚实、守信、吃苦耐劳的品德和良好的团队合作意识。	14

序号	工作任务	知识要求	技能要求	情感态度要求	参考学时
3	通用技能	• 能认识家装照明电路的常用器材（包含底盒、面板、开关、插座等）； • 能认识家装弱电电路的常用器材（包含电视插座、电视分配器、电话插座、网络插座等）； • 能认识家装水气路的常用器材（包含天然气管道及管件、给排水管道及管件、常用卫生器具）； • 能估算家装照明电路的常用器材的数量； • 能估算家装弱电电路的常用器材的数量； • 能估算家装水气路的常用器材的数量； • 能知道排水管道的要求与规范。	• 能正确选择家装照明电路的常用器材； • 能正确选择家装弱电电路的常用器材； • 能正确选择家装水气路的常用器材； • 能正确安装家装照明电路的常用器材； • 能正确安装家装弱电电路的常用器材； • 能正确安装家装水气路的常用器材。	• 养成安全生产和成本节约的习惯； • 养成适应“6S”管理的工作习惯； • 养成爱护设备和检测仪器的良好习惯； • 养成善于动脑、勤于思考的学习习惯，提升及时发现问题的能力； • 具备诚实、守信、吃苦耐劳的品德和良好的团队合作意识。	44
4	识读电气图并进行线路和器具的连接	• 能识读家居配电系统图； • 能识读家居插座、开关、灯具等布置图； • 能理解家用强弱电线路的工作原理。	• 能根据配电系统图安装连接配电箱及弱电箱； • 能根据插座、开关、灯具等布置图确定管线走向； • 能正确布局家居电路导线； • 能正确连接各种插座、开关、灯具等。	• 养成安全生产和成本节约的习惯； • 养成适应“6S”管理的工作习惯； • 养成爱护设备和检测仪器的良好习惯； • 养成善于动脑、勤于思考的学习习惯，提升及时发现问题的能力； • 具备诚实、守信、吃苦耐劳的品德和良好的团队合作意识。	16

续表

序号	工作任务	知识要求	技能要求	情感态度要求	参考学时
5	暗装技能	• 能根据家居的具体情况确定水、电、气器具的具体位置，为给水、排水、线管及气管等确定槽位置； • 能知道管路敷设方法； • 能纠正盒箱安装偏差； • 能认识地暖系统构成，了解地暖系统的安装流程。	• 能根据定位指导相关工人弹线、开槽； • 能根据槽的位置安装底盒，布管、穿线； • 能配合相关工人安装地暖系统。	• 养成安全生产和成本节约的习惯； • 养成适应"6S"管理的工作习惯； • 养成爱护设备和检测仪器的良好习惯； • 养成善于动脑、勤于思考的学习习惯，提升及时发现问题的能力； • 具备诚实、守信、吃苦耐劳的品德和良好的团队合作意识。	18
6	机动(考核)				8
7	合　计				108

4　教学活动设计

序号	工作任务	教学活动	参考学时
1	家装水电工工具、仪表的认识和使用	(一)动员 1.教学目标 (1)知识目标 • 能说出各种家装水电工工具的类型和作用； • 能说出家装水电工仪表的功能。 (2)技能目标 • 能使用各种家装水电工工具； • 能使用家装水电工仪表。 (3)情感态度目标 • 养成安全生产和成本节约的习惯； • 养成适应"6S"管理的工作习惯； • 养成爱护设备和检测仪器的良好习惯；	8

续表

序号	工作任务	教学活动	参考学时
1	家装水电工工具、仪表的认识和使用	• 养成善于动脑、勤于思考的学习习惯,提升及时发现问题的能力; • 具备诚实、守信、吃苦耐劳的品德和良好的团队合作意识。 2.教学组织形式 在家装水电工实训室进行,采用先集中讲解、演示,后分组练习指导 3.学习方法指导 (1)教法:集中讲解、演示,分组指导、检查 (2)学法:讨论、练习、询问 (二)训练 任务一　认识和使用家装水电工工具 【任务引入】 教师讲解水电工在家装中的任务 【任务实施】 (1)在多媒体教室进行集中讲解,通过 PPT 等理论上让学生认识、了解水电工学用的工具 (2)在实训室演示后分组练习,分组指导 (3)针对集体性问题集中指导,再分组练习 (4)进行考核 【相关知识链接】 【任务评价】	

评价内容	分值分配	得分	备注
认识使用螺丝刀	10 分		
认识使用螺丝钳子	10 分		
认识使用活动扳手	15 分		
认识使用电烙铁	10 分		
认识使用电锤	15 分		
认识使用锤子	10 分		
认识使用电笔	10 分		
态度端正,能正确使用工具、仪表,安全操作	10 分		
能做到"6S"管理要求	10 分		
总分(100 分)			

续表

序号	工作任务	教学活动	参考学时
1	家装水电工工具、仪表的认识和使用	任务二　认识和使用家装水电工常用的仪表 【任务引入】 (1)教师演示家装应用万用表和网线测试仪的场所 (2)教师展示万用表和网线测试仪的实物 【任务实施】 (1)介绍万用表 (2)介绍网线测试仪 【相关知识链接】 【任务评价】	

评价内容	分值分配	得分	备注
能使用万用表	50 分		
能使用网线测试仪	40 分		
态度端正,能正确使用仪器设备,安全操作	5 分		
能做到"6S"管理要求	5 分		
总分(100 分)			

(三)鉴定

评价内容	分值分配	得分	备注
任务一完成情况	45 分		
任务二完成情况	45 分		
学生在学习过程中的出勤、纪律情况,发言、与同学协作互动情况,操作情况,仪器设备的使用情况,"6S"管理情况等	10 分		
总分(100 分)			

(四)拓展

通过查阅书籍,查询装饰装修、电工测量等相关网站,了解 PLC 控制及应用等方面的知识,丰富家装水电工工具、仪表的知识,拓宽眼界

序号	工作任务	教学活动	参考学时
2	水电材料的认识与使用	(一)动员 1.教学目标 (1)知识目标 ●能正确认识家居装饰管材、管件; ●能根据各种家庭的具体情况估算管材、管件的用量; ●能正确认识常用强、弱电电线、电缆与接口等; ●能根据各种家庭的具体情况估算强、弱电电线、电缆与接口等的用量。 (2)技能目标 ●能根据各种家庭的具体情况正确选择家居装饰管材、管件; ●能安装家居装饰管材、管件; ●能正确选择常用强、弱电电线、电缆与接口等; ●能正确安装常用强、弱电电线、电缆与接口等。 (3)情感态度目标 ●养成安全生产和成本节约的习惯; ●养成适应"6S"管理的工作习惯; ●养成爱护设备和检测仪器的良好习惯; ●养成善于动脑、勤于思考的学习习惯,提升及时发现问题的能力; ●具备诚实、守信、吃苦耐劳的品德和良好的团队合作意识。 2.教学组织形式 在家装水电工实训室进行,采用先集中讲解、演示,后分组练习指导 3.学习方法指导 (1)教法:集中讲解、演示,分组指导、检查 (2)学法:讨论、练习、询问 (二)训练 任务一　正确选用家居装饰管材 【任务引入】 教师实物展示家居装饰管材 【任务实施】 (1)家居装饰管材的分类及适用的场所 (2)选用家居装饰管材的原则 【相关知识链接】 【任务评价】	14

续表

序号	工作任务	教学活动			参考学时

评价内容	分值分配	得分	备注
家居装饰管材的分类	40 分		
选用家居装饰管材的原则	40 分		
态度端正，能正确使用仪器设备，安全操作	10 分		
能做到"6S"管理要求	10 分		
总分（100 分）			

任务二　认识使用各种 PP-R 管及管件

【任务引入】

教师教学实物展示各种 PP-R 管及管件

【任务实施】

(1)认识 PP-R 管及管件

(2)选择 PP-R 管及管件

(3)估算 PP-R 管及管件的用量

(4)安装 PP-R 管及管件

【相关知识链接】

【任务评价】

评价内容	分值分配	得分	备注
认识 PP-R 管及管件	15 分		
选择 PP-R 管及管件	25 分		
估算 PP-R 管及管件的用量	20 分		
安装 PP-R 管及管件	20 分		
态度端正，能正确使用仪器设备，安全操作	10 分		
能做到"6S"管理要求	10 分		
总分（100 分）			

任务三　认识使用各种 PVC 管及管件

【任务引入】

教师实物展示各种 PVC 管及管件

【任务实施】

序号 2　工作任务：水电材料的认识与使用

序号	工作任务	教学活动			参考学时
2	水电材料的认识与使用	（1）认识 PVC 管及管件 （2）选择 PVC 管及管件 （3）估算 PVC 管及管件的用量 （4）安装 PVC 管及管件 【相关知识链接】 【任务评价】			

评价内容	分值分配	得分	备注
认识 PVC 管及管件	15 分		
选择 PVC 管及管件	25 分		
估算 PVC 管及管件的用量	20 分		
安装 PVC 管及管件	20 分		
态度端正，能正确使用仪器设备，安全操作	10 分		
能做到"6S"管理要求	10 分		
总分（100 分）			

任务四　认识水管接连接软管
【任务引入】
教师实物展示水管接连接软管
【任务实施】
（1）认识水管接连接软管
（2）选择水管接连接软管
（3）安装水管接连接软管
【相关知识链接】
【任务评价】

评价内容	分值分配	得分	备注
认识水管接连接软管	10 分		
选择水管接连接软管	30 分		
安装水管接连接软管	40 分		
态度端正，能正确使用仪器设备，安全操作	10 分		
能做到"6S"管理要求	10 分		
总分（100 分）			

续表

序号	工作任务	教学活动	参考学时
2	水电材料的认识与使用	**任务五　认识使用下水配件、水龙头、阀门** 【任务引入】 教师实物展示下水配件、水龙头、阀门 【任务实施】 (1)认识下水配件、水龙头、阀门 (2)选择下水配件、水龙头、阀门 (3)安装下水配件、水龙头、阀门 【相关知识链接】 【任务评价】	

评价内容	分值分配	得分	备注
认识下水配件、水龙头、阀门	10 分		
选择下水配件、水龙头、阀门	30 分		
安装下水配件、水龙头、阀门	40 分		
态度端正,能正确使用仪器设备,安全操作	10 分		
能做到"6S"管理要求	10 分		
总分(100 分)			

任务六　认识使用常用强、弱电电线、电缆与接口
【任务引入】
教师实物展示下水配件、水龙头、阀门
【任务实施】
(1)认识常用强、弱电电线、电缆与接口
(2)选择常用强、弱电电线、电缆与接口
(3)安装常用强、弱电电线、电缆与接口
【相关知识链接】
【任务评价】

评价内容	分值分配	得分	备注
认识常用强、弱电电线、电缆与接口	10 分		
选择常用强、弱电电线、电缆与接口	30 分		
安装常用强、弱电电线、电缆与接口	40 分		
态度端正,能正确使用仪器设备,安全操作	10 分		
能做到"6S"管理要求	10 分		
总分(100 分)			

序号	工作任务	教学活动	参考学时
2	水电材料的认识与使用	（三）鉴定 （四）拓展 通过查阅书籍,查询装饰装修、水电材料等相关网站,了解家庭装修等方面的知识,丰富家装水电材料的知识,拓宽眼界	
3	通用技能	（一）动员 1.教学目标 (1)知识目标 • 能认识家装照明电路的常用器材(包含底盒、面板、开关、插座等); • 能认识家装弱电电路的常用器材(包含电视插座、电视分配器、电话插座、网络插座等); • 能认识家装水气路的常用器材(包含天然气管道及管件、给排水管道及管件、常用卫生器具); • 能估算家装照明电路的常用器材数量; • 能估算家装弱电电路的常用器材数量; • 能估算家装水气路的常用器材数量; • 能知道排水管道的要求与规范。 (2)技能目标 • 能正确选择家装照明电路的常用器材; • 能正确选择家装弱电电路的常用器材;	44

其中序号2的教学活动（三）鉴定部分包含以下评价表：

评价内容	分值分配	得分	备注
任务一完成情况	15分		
任务二完成情况	15分		
任务三完成情况	15分		
任务四完成情况	15分		
任务五完成情况	15分		
任务六完成情况	15分		
学生在学习过程中的出勤、纪律情况,发言、与同学协作互动情况,操作情况,仪器设备的使用情况,"6S"管理情况等	10分		
总分(100分)			

续表

序号	工作任务	教学活动	参考学时
3	通用技能	•能正确选择家装水气路的常用器材； •能正确安装家装照明电路的常用器材； •能正确安装家装弱电电路的常用器材； •能正确安装家装水气路的常用器材。 (3)情感态度目标 •养成安全生产和成本节约习惯； •养成适应"6S"管理的工作习惯； •养成爱护设备和检测仪器的良好习惯； •养成善于动脑、勤于思考的学习习惯，提升及时发现问题的能力； •具备诚实、守信、吃苦耐劳的品德和良好的团队合作意识。 2.教学组织形式 在家装水电工实训室进行，采用先集中讲解、演示，后分组练习指导 3.学习方法指导 (1)教法：集中讲解、演示，分组指导、检查 (2)学法：讨论、练习、询问 (二)训练 任务一　认识使用底盒、开关面板、插座和强弱电箱 【任务引入】 教师实物展示底盒、开关面板、插座和强弱电箱 【任务实施】 (1)认识底盒、开关面板、插座和强弱电箱 (2)选择底盒、开关面板、插座和强弱电箱 (3)安装底盒、开关面板、插座和强弱电箱 【相关知识链接】 【任务评价】 评价表如下	

评价内容	分值分配	得分	备注
认识选择使用底盒	15 分		
认识选择使用开关面板	25 分		
认识选择使用插座	25 分		
认识选择强弱电箱	25 分		
态度端正，能正确使用仪器设备，安全操作	5 分		
能做到"6S"管理要求	5 分		
总分(100 分)			

序号	工作任务	教学活动	参考学时
3	通用技能	**任务二 识读并画出家装水气管线图** 【任务引入】 教师用实例展示家装水气管线图 【任务实施】 (1)识读并画出水路图 (2)识读并画出气路图 【相关知识链接】 【任务评价】 {水路图评价表} **任务三 认识使用天然气管道及连接件** 【任务引入】 教师用实例展示天然气管道及连接件 【任务实施】 (1)认识天然气管道及连接件 (2)选用天然气管道及连接件 (3)安装天然气管道及连接件 【相关知识链接】 【任务评价】 {天然气评价表}	

评价内容	分值分配	得分	备注
识读并画出水路图	60分		
能正确画出外部接线图	30分		
态度端正,能正确使用仪器设备,安全操作	5分		
能做到"6S"管理要求	5分		
总分(100分)			

评价内容	分值分配	得分	备注
认识天然气管道及连接件	30分		
选用天然气管道及连接件	30分		
安装天然气管道及连接件	30分		
态度端正,能正确使用仪器设备,安全操作	5分		
能做到"6S"管理要求	5分		
总分(100分)			

续表

序号	工作任务	教学活动	参考学时
3	通用技能	任务四　认识、选择、安装浴霸、换气扇、燃气热水器、不同灯具 【任务引入】 教师用实例展示浴霸、换气扇、燃气热水器、灯具 【任务实施】 （1）认识、选择、安装浴霸 （2）认识、选择、安装换气扇 （3）认识、选择、安装燃气热水器 （4）认识、选择、安装灯具 【相关知识链接】 【任务评价】 任务五　认识、选择、安装与连接电视插座、电视分配器、电话插座、网络插座 【任务引入】 教师用实例展示电视插座、电视分配器、电话插座、网络插座 【任务实施】 （1）认识、选择、安装与连接电视插座 （2）认识、选择、安装与连接电视分配器 （3）认识、选择、安装与连接电话插座 （4）认识、选择、安装与连接网络插座 【相关知识链接】 【任务评价】	

任务评价表（内嵌）：

评价内容	分值分配	得分	备注
认识、选择、安装浴霸	5 分		
认识、选择、安装换气扇	10 分		
认识、选择、安装燃气热水器	10 分		
认识、选择、安装灯具	20 分		
态度端正，能正确使用仪器设备，安全操作	5 分		
能做到"6S"管理要求	5 分		
总分（55 分）			

序号	工作任务	教学活动	参考学时

评价内容	分值分配	得分	备注
认识、选择、安装与连接电视插座	20 分		
认识、选择、安装与连接电视分配器	20 分		
认识、选择、安装与连接电话插座	20 分		
认识、选择、安装与连接网络插座	30 分		
态度端正,能正确使用仪器设备,安全操作	5 分		
能做到"6S"管理要求	5 分		
总分(100 分)			

任务六　认识、选择、安装卫生器具及对应管道的安装与连接

【任务引入】

教师用实例展示电视插座、电视分配器、电话插座、网络插座

【任务实施】

(1)认识、选择、安装卫生器具

(2)认识、选择、安装给排水管道

(3)连接卫生器具和给排水管道

【相关知识链接】

【任务评价】

评价内容	分值分配	得分	备注
认识、选择、安装与连接菜盆	15 分		
认识、选择、安装与连接洗涤盆、立柱盆	15 分		
认识、选择、安装与连接坐便器、蹲便器及对应水箱	20 分		
认识、选择、安装与连接地漏	10 分		
认识、选择、安装与连接浴盆	30 分		
态度端正,能正确使用仪器设备,安全操作	5 分		
能做到"6S"管理要求	5 分		
总分(100 分)			

序号3 工作任务:通用技能

续表

序号	工作任务	教学活动	参考学时
3	通用技能	（三）鉴定 | 评价内容	分值分配	得分	备注
---	---	---	---
任务一完成情况	15 分		
任务二完成情况	15 分		
任务三完成情况	15 分		
任务四完成情况	15 分		
任务五完成情况	15 分		
任务六完成情况	15 分		
学生在学习过程中的出勤、纪律情况,发言、与同学协作互动情况,操作情况,仪器设备的使用情况,"6S"管理情况等	10 分		
总分(100 分)				 （四）拓展 通过查阅书籍,查询装饰装修、水电安装技术等相关网站,了解家庭装修等方面的知识,丰富家装水电材料的知识,拓宽眼界	
4	识读电气图并进行线路和器具的连接	（一）动员 1.教学目标 (1)知识目标 • 能识读家居配电系统图; • 能识读家居插座、开关、灯具等布置图; • 能理解家用强弱电线路的工作原理。 (2)技能目标 • 能根据配电系统图安装连接配电箱及弱电箱; • 能根据插座、开关、灯具等布置图,确定管线走向; • 能正确布局家居电路导线; • 能正确连接各种插座、开关、灯具等。 (3)情感态度目标 • 养成安全生产和成本节约习惯; • 养成适应"6S"管理的工作习惯; • 养成爱护设备和检测仪器的良好习惯;	16

序号	工作任务	教学活动	参考学时
4	识读电气图并进行线路和器具的连接	•养成善于动脑、勤于思考的学习习惯,提升及时发现问题的能力; •具备诚实、守信、吃苦耐劳的品德和良好的团队合作意识。 2.教学组织形式 在家装水电工实训室进行,采用先集中讲解、演示,后分组练习指导 3.学习方法指导 (1)教法:集中讲解、演示,分组指导、检查 (2)学法:讨论、练习、询问 (二)训练 任务一　家居配电系统图 【任务引入】 教师实例演示效果 【任务实施】 (1)介绍并讨论家居的常用电工器具 (2)介绍并讨论家居的常用电工器具的定位 (3)介绍并讨论家居的电路走向 (4)家居电路布线 【相关知识链接】 【任务评价】 | 评价内容	分值分配	得分	备注 | |---|---|---|---| | 能正确选用家居的电工器具 | 15分 | | | | 能正确确定家居的常用电工器具的位置 | 15分 | | | | 能正确确定家居的电路走向 | 20分 | | | | 家居电路布线 | 40分 | | | | 态度端正,能正确使用仪器设备,安全操作 | 5分 | | | | 能做到"6S"管理要求 | 5分 | | | | 总分(100分) | | | | 任务二　识读家居插座布置图并连接插座 【任务引入】 教师实例演示效果	

续表

序号	工作任务	教学活动	参考学时
4	识读电气图并进行线路和器具的连接	【任务实施】 (1)识读家居插座布置图 (2)介绍与讨论插座的定位 (3)连接插座 【相关知识链接】 【任务评价】 任务三　安装并连接各种灯具及取暖换气等器具 【任务引入】 教师实例演示效果 【任务实施】 (1)介绍并讨论确定各种灯具的位置 (2)识读家居照明布置图 (3)安装并连接各种灯具及取暖换气等器具 【相关知识链接】 【任务评价】	

评价内容	分值分配	得分	备注
能识读家居插座布置图	30 分		
能正确确定插座的位置	30 分		
能正确连接插座	30 分		
态度端正,能正确使用仪器设备,安全操作	5 分		
能做到"6S"管理要求	5 分		
总分(100 分)			

评价内容	分值分配	得分	备注
能正确确定各种灯具的位置	20 分		
能正确识读家居照明布置图	25 分		
能正确安装并连接各种灯具	25 分		
能正确安装并连接取暖换气等器具	20 分		
态度端正,能正确使用仪器设备,安全操作	5 分		
能做到"6S"管理要求	5 分		
总分(100 分)			

续表

序号	工作任务	教学活动	参考学时
4	识读电气图并进行线路和器具的连接	任务四　安装并连接弱电线路 【任务引入】 教师实例演示效果 【任务实施】 (1)介绍并讨论确定弱电箱和弱电插座的位置 (2)识读弱电布置图 (3)安装并连接弱电线路 【相关知识链接】 【任务评价】 （评价表见下） （三）鉴定 （鉴定表见下） （四）拓展 通过查阅书籍、查询装饰装修、电工识图等相关网站，了解家庭装修等方面的知识，丰富家装水电材料的知识，拓宽眼界	

【任务评价】

评价内容	分值分配	得分	备注
能正确确定弱电箱和弱电插座的位置	30 分		
能正确识读弱电布置图	30 分		
能正确安装并连接弱电线路	30 分		
态度端正，能正确使用仪器设备，安全操作	5 分		
能做到"6S"管理要求	5 分		
总分(100 分)			

（三）鉴定

评价内容	分值分配	得分	备注
任务一完成情况	25 分		
任务二完成情况	25 分		
任务三完成情况	20 分		
任务四完成情况	20 分		
学生在学习过程中的出勤、纪律情况，发言、与同学协作互动情况，操作情况，仪器设备的使用情况，"6S"管理情况等	10 分		
总分(100 分)			

续表

序号	工作任务	教学活动	参考学时
5	暗装技能	（一）动员 1. 教学目标 （1）知识目标 • 能根据家居的具体情况确定水、电、气器具的具体位置，为给水、排水、线管及气管等确定槽位置； • 能知道管路敷设方法； • 能纠正盒箱安装偏差； • 能认识地暖系统构成，了解地暖系统的安装流程。 （2）技能目标 • 能根据定位指导相关工人弹线、开槽； • 能根据槽的位置安装底盒，布管、穿线； • 能配合相关工人安装地暖系统。 （3）情感态度目标 • 具备安全生产和成本节约意识； • 养成适应"6S"管理的工作习惯； • 养成爱护设备和检测仪器的良好习惯； • 养成善于动脑、勤于思考、及时发现问题的学习习惯； • 具备诚实、守信、吃苦耐劳的品德和良好的团队合作意识。 2. 教学组织形式 在家装水电工实训室进行，采用先集中讲解、演示，后分组练习指导 3. 学习方法指导 （1）教法：集中讲解、演示，分组指导、检查 （2）学法：讨论、练习、询问 （二）训练 任务一　暗装给排水水管路和气路 【任务引入】 教师实例演示效果 【任务实施】 （1）介绍并讨论给水、排水槽位置及走向 （2）给排水水管路的敷设 （3）气路的敷设 【相关知识链接】 【任务评价】	18

续表

序号	工作任务	教学活动	参考学时

评价内容	分值分配	得分	备注
能正确确定给水、排水槽位置及走向	30 分		
能正确敷设给排水水管路	40 分		
能正确敷设气路	20 分		
态度端正,能正确使用仪器设备,安全操作	5 分		
能做到"6S"管理要求	5 分		
总分(100 分)			

任务二　暗装电气线路

【任务引入】

教师实例演示效果

【任务实施】

(1)介绍并讨论线槽位置及走向

(2)介绍并讨论穿线的方法和技巧

(3)线管的敷设

【相关知识链接】

【任务评价】

评价内容	分值分配	得分	备注
能正确确定线槽位置及走向	10 分		
能正确放线和穿线	40 分		
能正确敷设线管并纠正线盒	40 分		
态度端正,能正确使用仪器设备,安全操作	5 分		
能做到"6S"管理要求	5 分		
总分(100 分)			

任务三　认识地暖系统

【任务引入】

教师实例演示效果

【任务实施】

(1)介绍水暖和电暖的特点

序号5　工作任务:暗装技能

续表

序号	工作任务	教学活动	参考学时
5	暗装技能	(2)介绍地暖系统的安装流程 (3)如何配合采暖施工 【相关知识链接】 【任务评价】	

评价内容	分值分配	得分	备注
能正确说出水暖和电暖的特点	10分		
能正确说出地暖系统的安装流程	40分		
能正确配合采暖施工	40分		
态度端正,能正确使用仪器设备,安全操作	5分		
能做到"6S"管理要求	5分		
总分(100分)			

(三)鉴定

评价内容	分值分配	得分	备注
任务一完成情况	40分		
任务二完成情况	40分		
任务三完成情况	10分		
学生在学习过程中的出勤、纪律情况,发言、与同学协作互动情况,操作情况,仪器设备的使用情况,"6S"管理情况等	10分		
总分(100分)			

(四)拓展

通过查阅书籍,查询装饰装修、机电工程施工等相关网站,了解家庭装修等方面的知识,丰富家装、家庭暗装的知识,拓宽眼界

5 实施建议

5.1 教材编写或选用

(1)依据本课程标准编写或选用教材,教材应充分体现任务引领、实践导向课程的设计思想。

(2)教材应将本专业职业活动分解成5个典型的工作项目,按完成工作项目的需要和岗位操作规程,结合职业技能证书考证组织教材内容。要通过讲解演示、模拟仿真、理实一体教学并运用所学知识进行评价,引入必需的理论知识,增加实践实操内容,强调理论在实践过程中的应用。

(3)教材应图文并茂,提高学生的学习兴趣,加深学生对 PLC 控制及应用的认识和理解。教材表达必须精练、准确、科学。

(4)教材内容应体现先进性、通用性、实用性,要将本专业新技术、新工艺、新材料及时地纳入教材,使教材更贴近本专业的发展和实际需要。

(5)教材中活动设计的内容要具体,并具有可操作性。

5.2 教学建议

(1)在教学过程中,应立足于加强学生实际操作能力的培养,采用项目教学法,以任务驱动方式进行,提高学生学习兴趣,激发学生的成就动机。

(2)本课程教学的关键是现场教学,应选用典型家庭装修实例为载体,在教学过程中,教师示范和学生分组讨论、训练互动,学生提问与教师解答、指导有机结合,让学生在"教"与"学"过程中,会进行家居水电气线路及器具的安装。

(3)在教学过程中,要创设工作情境,同时应加大实践实操的容量,要紧密结合职业技能证书的考证,加强考证的实操项目的训练,在实践实操过程中,使学生掌握如何根据现场实际要求进行家居水电气线路及器具的安装,提高学生的岗位适应能力。

(4)在教学过程中,要重视本专业领域新技术、新工艺、新材料发展趋势,贴近企业、贴近生产,为学生提供职业生涯发展的空间,努力培养学生参与社会实践的创新精神和职业能力。

(5)教学过程中教师应积极引导学生提升职业素养,提高职业道德。

5.3　教学评价

（1）改革传统的评价手段和方法，采用每完成一个任务就阶段评价，每完成一个项目就目标评价，注重过程性评价的重要性。

（2）关注评价的多元性，结合课堂提问、学生作业、任务训练情况、技能过手情况、任务阶段测验、项目目标考核，作为平时成绩，占总成绩的 70%；理论考试和实际操作作为期末成绩，其中理论考试占 30%，实际操作考试占 70%，占总成绩的 30%。

（3）应注重学生动手能力和实践中分析问题、解决问题能力的考核，对在学习和应用上有创新的学生应予以特别鼓励，全面综合评价学生能力。

5.4　课程资源

（1）注重实训指导书和实训教材的开发和应用。

（2）注重课程资源和现代化教学资源的开发和利用，如多媒体的应用，这些资源有利于创设形象生动的工作情境，激发学生的学习兴趣，促进学生对知识的理解和掌握。同时，建议加强课程资源的开发，建立多媒体课程资源的数据库，努力实现跨学校多媒体资源的共享，以提高课程资源利用效率。

（3）积极开发和利用网络课程资源，充分利用诸如电子书籍、电子期刊、数据库、数字图书馆、教育网站和电子论坛等网上信息资源，使教学从单一媒体向多种媒体转变；教学活动从信息的单向传递向双向交换转变；学生单独学习向合作学习转变。同时应积极创造条件搭建远程教学平台，扩大课程资源的交互空间。

（4）产学合作开发实训课程资源，充分利用校内外实训基地进行产学合作，实践"工学"交替，满足学生的实习、实训，同时为学生的就业创造机会。

（5）建立本专业开放式实训中心，使之具备现场教学、实训、职业技能证书考证的功能，实现教学与实训合一、教学与培训合一、教学与考证合一，满足学生综合职业能力培养的要求。

5.5　其他说明

本课程教学标准适用于中职院校电子与信息技术专业机电一体化方向。

"传感器检测技术及应用"课程标准

1 概 述

1.1 课程定位

本课程是中等职业学校电子与信息技术专业的一门专业方向课程,适用于中等职业学校电子与信息技术、机电技术、电气自动化、电气运行与控制等专业,是从事企业自动检测系统的控制、运行与维护,产品检测,企业质量和计量管理工作的一门必修课程。本课程重点介绍各种传感器的工作原理和特性,结合工程应用实际,了解传感器在各种电量和非电量检测系统中的应用,培养学生使用各类传感器的技巧和能力,掌握常用传感器的工程测量设计方法和实验研究方法。培养从事生产过程检测与控制、机电产品质量检测、设备维修和企业质量的高级技术应用性专门人才。

本课程以电工技术基础、电工技能与实训、电子技术基础、电子技能与实训、电机拖动与控制等课程的学习为基础,也是进一步学习 PLC 控制及应用课程的基础。

1.2 设计思路

本课程的设计思路主要以"电子与信息技术专业工作任务与职业能力分析表"中的电子产品装接、电子产品检测与调试等工作领域为依据,以工作任务为主线构建项目化课程,确定课程目标,设计课程内容。按工作过程设计学习过程,使学生系统性地学习和掌握相关的知识和技能,逐步形成相关生产过程检测与机电产品质量检测的专业能力。

本课程的目的是培养能够胜任企业自动检测系统的控制、运行与维护,产品检测,企业质量和计量管理工作。立足这一目的,本课程结合中职学生身心发展特点和技能型人才培养规律的要求,依据职业能力分析得出的知识、技能和态度要求,制订了包括知识、能力、态度 3 个方面的总体课程目标和具体课程目标。教材编写、教师授课、教学评价都应依据这一目标定位施行。

依据上述课程目标定位,本课程从知识、技能、态度 3 个方面对课程内容进行规划与设计,使课程内容更好地与产品检测,企业质量和计量管理工作岗位对接。

本课程是一门以理实一体为核心内容的课程,其教学以项目任务驱动法为主要方法,实行理实一体化教学。教学可在任务引领情境中进行。在学习情境中,建议在实训室实施理实一体化教学。可设计的项目有传感器的认识、温度的检测、湿度的检测、物位的检测、距离的检测、力和压力的检测、位移的检测、位置的检测、气体成分参数的检测等。

每一个项目的学习都以自动检测系统的控制、运行与维护,产品检测,企业质量和计量管理的工作任务为载体来设计,以工作任务为中心整合理论与实践,实现理论与实践的一体化教学。给学生提供更多的动手机会,提高专业技能。

本课程总课时为 72 学时,建议在第四学期学习。

2 课程目标

通过本课程的学习,使学生能具有自动检测系统的控制、运行与维护,产品检测,企业质量和计量管理的工作岗位群所必需的知识、技能、态度,达到具有无线电装接工中级资格的技能要求。

2.1 知识目标

- 能知道传感器的组成及分类;
- 能简述各类传感器的原理及应用;
- 能描述传感器的工程应用方法,并能正确处理检测数据。

2.2 技能目标

- 能描述传感器的标定和校准;
- 能讲述压电效应、压电传感器的结构和工作原理与测量电路,能使用压电加速度传感器;
- 能使用各类传感器与工程检测系统集成。

2.3 情感态度目标

- 养成成本节约和安全生产意识;
- 养成诚实、守信、吃苦耐劳的品德和良好的团队合作意识;
- 养成善于动脑、勤于思考、及时发现问题的学习习惯;
- 养成爱护设备和检测仪器的良好习惯。

3　课程内容和要求

序号	工作任务	知识要求	技能要求	情感态度要求	参考学时
1	传感器的认识	• 能简述传感器的概念； • 能简述常用传感器的作用； • 能知道传感器的组成、分类方法及主要性能指标； • 能描述传感器测量误差的基本概念和相关计算。	• 能识别各种类型的传感器外形； • 能计算传感器绝对误差、相对误差。	• 养成成本节约和安全生产意识； • 养成诚实、守信、吃苦耐劳的品德和良好的团队合作意识； • 养成善于动脑、勤于思考、及时发现问题的学习习惯； • 养成爱护设备和检测仪器的良好习惯。	4
2	温度的检测	• 能描述温度、温标的基本概念和温度测量的方法； • 能描述热电阻、热电偶、热敏电阻的基本结构； • 能简述热电阻和热电偶的工作原理与基本结构； • 能简述温度检测在工业生产、家用电器中的应用。	• 会利用手册查阅温度元件的计数参数； • 会检测热电阻、热电偶及热敏电阻； • 会使用热电阻、热电偶及热敏电阻； • 能安装、调试简单的温度检测电路。	• 养成成本节约和安全生产意识； • 养成诚实、守信、吃苦耐劳的品德和良好的团队合作意识； • 养成善于动脑、勤于思考、及时发现问题的学习习惯； • 养成爱护设备和检测仪器的良好习惯。	10
3	湿度的检测	• 能识别一般的湿度元件； • 能描述湿度传感器的主要参数； • 能描述湿度传感器的测湿原理。	• 会检测湿度元件； • 会正确使用湿度传感器； • 能安装、调试简单的湿度检测电路。	• 养成成本节约和安全生产意识； • 养成诚实、守信、吃苦耐劳的品德和良好的团队合作意识； • 养成善于动脑、勤于思考、及时发现问题的学习习惯； • 养成爱护设备和检测仪器的良好习惯。	6

续表

序号	工作任务	知识要求	技能要求	情感态度要求	参考学时
4	物位的检测	• 能描述物位的概念； • 能描述电容式传感器的工作原理、结构类型及特点，还有常用测试转换电路； • 能描述电容式传感器检测液位的原理。	• 会检测电容式传感器； • 会正确使用电容式传感器测量液位； • 会安装、调试及使用电容式液位计。	• 养成成本节约和安全生产意识； • 养成诚实、守信、吃苦耐劳的品德和良好的团队合作意识； • 养成善于动脑、勤于思考、及时发现问题的学习习惯； • 养成爱护设备和检测仪器的良好习惯。	6
5	距离的检测	• 能描述距离测量的概念； • 能描述超声波传感器的工作原理、结构类型及特点； • 能描述超声波在介质中的传播特性。	• 能检测各类超声波传感器； • 会正确使用超声波传感器测量距离； • 能安装、调试简单超声波传感器电路。	• 养成成本节约和安全生产意识； • 养成诚实、守信、吃苦耐劳的品德和良好的团队合作意识； • 养成善于动脑、勤于思考、及时发现问题的学习习惯； • 养成爱护设备和检测仪器的良好习惯。	6
6	力和压力的检测	• 能描述力传感器的基本组成结构； • 能描述电阻应变片传感器的工作原理、电阻应变片的特点及常用测量电路； • 能描述压阻式传感器测压力的原理。	• 会正确检测电阻应变式传感器； • 会电阻应变式传感器的综合应用； • 会用压阻式传感器测压力。	• 养成成本节约和安全生产意识； • 养成诚实、守信、吃苦耐劳的品德和良好的团队合作意识； • 养成善于动脑、勤于思考、及时发现问题的学习习惯； • 养成爱护设备和检测仪器的良好习惯。	10

续表

序号	工作任务	知识要求	技能要求	情感态度要求	参考学时
7	位移的检测	• 能认识电位器式位移传感器； • 能认识感应同步器位移传感器； • 能认识光栅位移传感器。	• 会检测电位器式位移传感器； • 会用电位器式位移传感器测量位移； • 会安装与调试感应同步器位移传感器； • 会安装与调试光栅位移传感器。	• 养成成本节约和安全生产意识； • 养成诚实、守信、吃苦耐劳的品德和良好的团队合作意识； • 养成善于动脑、勤于思考、及时发现问题的学习习惯； • 养成爱护设备和检测仪器的良好习惯。	8
8	位置的检测	• 认识电感式接近开关，能描述电感式接近开关的结构、功能及原理； • 认识霍尔接近开关，能描述霍尔接近开关的结构、功能及原理； • 认识电容式接近开关，能描述电容式接近开关的结构、功能及原理； • 认识光电式接近开关，能描述光电式接近开关的结构、功能及原理； • 认识磁性开关，能描述磁性开关的结构、功能及原理。	• 会检测电感式接近开关、霍尔接近开关、电容式接近开关、光电式接近开关、磁性开关； • 会运用电感式接近开关测近距离内的物体位置； • 会霍尔接近开关测量物体位置； • 会电容式接近开关检测物体； • 会应用光电式接近开关检测物体； • 会磁性开关在汽缸上的应用。	• 养成成本节约和安全生产意识； • 养成诚实、守信、吃苦耐劳的品德和良好的团队合作意识； • 养成善于动脑、勤于思考、及时发现问题的学习习惯； • 养成爱护设备和检测仪器的良好习惯。	12
9	气体成分参数的检测	• 能描述气敏传感器的工作原理； • 能描述气敏传感器材料的形成及分类； • 能描述气敏器件的主要参数及特性。	• 会检测气敏传感器； • 会气敏传感器的测量方法； • 会气敏传感器的正确使用； • 会分析气敏传感器的应用电路。	• 养成成本节约和安全生产意识； • 养成诚实、守信、吃苦耐劳的品德和良好的团队合作意识； • 养成善于动脑、勤于思考、及时发现问题的学习习惯； • 养成爱护设备和检测仪器的良好习惯。	6
10	机动(考核)				4
11	合　计				72

4 教学活动设计

序号	工作任务	教学活动	参考学时
1	传感器的认识	（一）动员 1.教学目标 （1）知识目标 • 能理解传感器的概念； • 能理解常用传感器的作用； • 能理解传感器的组成、分类方法及主要性能指标； • 能描述传感器测量误差的基本概念和相关计算。 （2）技能目标 • 能识别各种类型的传感器外形； • 能计算传感器绝对误差、相对误差。 （3）情感态度目标 • 养成成本节约和安全生产意识； • 养成诚实、守信、吃苦耐劳的品德和良好的团队合作意识； • 养成善于动脑、勤于思考、及时发现问题的学习习惯； • 养成适应"6S"管理的工作习惯； • 养成爱护设备和检测仪器的良好习惯。 2.教学组织形式 在电子实训室进行，采用先集中讲解、演示，后分组练习指导 3.学习方法指导 （1）教法：集中讲解、演示，分组指导、检查 （2）学法：讨论、练习、询问 （二）训练 任务一　认识传感器 【任务引入】 （1）教师用PPT展示各类传感器 （2）实物展示各类传感器 【任务实施】 （1）认识传感器 （2）传感器的概念 （3）传感器的发展方向 （4）传感器代号 【相关知识链接】 学生上网查阅，通过图片了解、认识各类传感器 【任务评价】 任务二　传感器的组成及分类	4

续表

序号	工作任务	教学活动	参考学时
1	传感器的认识	**【任务实施】** (1)传感器的组成 (2)传感器的分类 (3)传感器的特性 **【相关知识链接】** 学生上网查阅传感器的选用原则 **【任务评价】**	

评价内容	分值分配	得分	备注
能画出传感器的组成框图	30分		
能简述传感器的分类	30分		
理解传感器的各个特性的含义	30分		
态度端正,能正确使用仪器设备,安全操作	5分		
能做到"6S"管理要求	5分		
总分(100分)			

任务三　认识传感器测量误差的表示
【任务实施】
(1)误差的表示形式
(2)误差的分类
(3)误差的准确度
【相关知识链接】
【任务评价】

评价内容	分值分配	得分	备注
会绝对误差的计算	25分		
会相对误差的计算	25分		
会引用误差的计算	25分		
知道误差的分类	5分		
知道正确度、精密度、准确度的区别	10分		
态度端正,能正确使用仪器设备,安全操作	5分		
能做到"6S"管理要求	5分		
总分(100分)			

续表

序号	工作任务	教学活动	参考学时
1	传感器的认识	（三）鉴定 | 评价内容	分值分配	得分	备注
任务一完成情况	25 分		
任务二完成情况	25 分		
任务三完成情况	25 分		
能完成任意抽考三个任务中的一个	15 分		
学生在学习过程中的出勤、纪律情况，发言与同学协作互动情况，操作情况，仪器设备的使用情况，"6S"管理情况等	10 分		
总分（100 分）				 （四）拓展 通过查阅书籍，查询工业自动化控制、传感器检测技术等相关网站，了解传感器检测控制及应用等方面的知识，丰富工业自动化检测的知识，拓宽眼界	
2	温度的检测	（一）动员 1. 教学目标 （1）知识目标 ● 能描述温度、温标的基本概念和温度测量的方法； ● 能简述热电阻、热电偶、热敏电阻的基本结构； ● 能描述热电阻和热电偶的工作原理与基本结构； ● 能描述温度检测在工业生产、家用电器中的应用。 （2）技能目标 ● 会利用手册查阅温度元件的计数参数； ● 会检测热电阻、热电偶及热敏电阻； ● 会使用热电阻、热电偶及热敏电阻； ● 能分析简单的温度检测电路。 （3）情感态度目标 ● 养成成本节约和安全生产意识； ● 养成诚实、守信、吃苦耐劳的品德和良好的团队合作意识； ● 养成善于动脑、勤于思考、及时发现问题的学习习惯； ● 养成适应"6S"管理的工作习惯； ● 养成爱护设备和检测仪器的良好习惯。	10

序号	工作任务	教学活动	参考学时
2	温度的检测	2.教学组织形式 在电子实训室进行,采用先集中讲解、演示,后分组练习指导 3.学习方法指导 (1)教法:集中讲解、演示,分组指导、检查 (2)学法:讨论、练习、询问 (二)训练 任务一　温度测量的概念 【任务引入】 通过观察,谈谈我们生活中哪些领域利用了温度传感器 【任务实施】 (1)温度 (2)温标 (3)温度测量的主要方法 (4)温度传感器的选择 【相关知识链接】 从工业控制设备的技术资料或说明书中收集温度传感器的相关知识 【任务评价】	

评价内容	分值分配	得分	备注
接触式温度传感器的识别	30分		
非接触式温度传感器的识别	30分		
家用电器温度传感器技术指标的搜集	30分		
态度端正,能正确使用仪器设备,安全操作	5分		
能做到"6S"管理要求	5分		
总分(100分)			

任务二　认识热电阻
【任务引入】
【任务实施】
(1)热电阻基本工作原理及特性
(2)热电阻的结构类型
(3)热电阻测量电路
【相关知识链接】
【任务评价】

续表

序号	工作任务	教学活动				参考学时
2	温度的检测	**评价内容**	**分值分配**	**得分**	**备注**	
		热电阻的判别	30 分			
		万用表档位正确选择	20 分			
		万用表读数正确	20 分			
		Rt 阻值判断正确	20 分			
		态度端正,能正确使用仪器设备,安全操作	5 分			
		能做到"6S"管理要求	5 分			
		总分(100 分)				

任务三　使用热电阻

【任务引入】

【任务实施】

(1)简单的温度测量系统

(2)与热电阻(热电偶)配套的仪表

(3)热电偶的实例应用

【相关知识链接】

【任务评价】

评价内容	分值分配	得分	备注
看图接线正确	30 分		
正确使用分度表	20 分		
正确读取测量值	20 分		
正确计算误差值	20 分		
态度端正,能正确使用仪器设备,安全操作	5 分		
能做到"6S"管理要求	5 分		
总分(100 分)			

任务四　认识热电偶

【任务引入】

【任务实施】

(1)热电偶的测温原理

(2)热电偶的结构形式

(3)热电极材料和通电热电偶

续表

序号	工作任务	教学活动	参考学时
2	温度的检测	(4)热电偶冷端温度的补偿 (5)使用热电偶 【相关知识链接】 【任务评价】 任务五　认识热敏电阻 【任务引入】 【任务实施】 (1)热敏电阻的特点 (2)热敏电阻的类型 (3)各种热敏电阻的性能比较 (4)热敏电阻测温 (5)热敏电阻用于温度补偿 (6)热敏电阻用于温度控制及过热保护 【相关知识链接】 【任务评价】	

评价内容	分值分配	得分	备注
了解热电偶的基本特性	20分		
正确判断热电偶指标	20分		
能正确制作简易热电偶	20分		
能正确使用热电偶测温	30分		
态度端正,能正确使用仪器设备,安全操作	5分		
能做到"6S"管理要求	5分		
总分(100分)			

评价内容	分值分配	得分	备注
能正确识别热敏电阻	20分		
了解热敏电阻的温度特性	20分		
能简述各种热敏电阻的特性曲线	20分		
能正确识别热敏电阻的外形及电气符号	30分		
态度端正,能正确使用仪器设备,安全操作	5分		
能做到"6S"管理要求	5分		
总分(100分)			

续表

序号	工作任务	教学活动	参考学时
2	温度的检测	（三）鉴定 　<table><tr><td>评价内容</td><td>分值分配</td><td>得分</td><td>备注</td></tr><tr><td>任务一完成情况</td><td>20 分</td><td></td><td></td></tr><tr><td>任务二完成情况</td><td>20 分</td><td></td><td></td></tr><tr><td>任务三完成情况</td><td>20 分</td><td></td><td></td></tr><tr><td>任务四完成情况</td><td>15 分</td><td></td><td></td></tr><tr><td>任务五完成情况</td><td>15 分</td><td></td><td></td></tr><tr><td>学生在学习过程中的出勤、纪律情况,发言与同学协作互动情况,操作情况,仪器设备的使用情况,"6S"管理情况等</td><td>10 分</td><td></td><td></td></tr><tr><td colspan="4">总分(100 分)</td></tr></table> （四）拓展 通过查阅书籍,查询工业自动化控制、传感技术等相关网站,了解控制及应用等方面的知识,拓宽眼界	
3	湿度的检测	（一）动员 1.教学目标 (1)知识目标 ●会识别一般的湿度元件; ●能描述湿度传感器的主要参数; ●能描述湿度传感器的测湿原理。 (2)技能目标 ●会检测湿度元件; ●会正确使用湿度传感器; ●能安装、调试简单的湿度检测电路。 (3)情感态度目标 ●养成成本节约和安全生产意识; ●养成诚实、守信、吃苦耐劳的品德和良好的团队合作意识; ●养成善于动脑、勤于思考、及时发现问题的学习习惯; ●养成适应"6S"管理的工作习惯; ●养成爱护设备和检测仪器的良好习惯。 2.教学组织形式 在实训室进行,采用先集中讲解、演示,后分组练习指导 3.学习方法指导 (1)教法:集中讲解、演示,分组指导、检查	6

序号	工作任务	教学活动	参考学时
3	温度的检测	(2)学法:讨论、练习、询问 (二)训练 任务一　认识湿度传感器 【任务实施】 (1)湿度表示法 (2)湿度传感器的主要参数 (3)湿度传感器的分类 【相关知识链接】 【任务评价】 任务二　使用湿度传感器 【任务引入】 【任务实施】 (1)湿度传感器检测电路的选择 (2)湿度传感器测量电路的原理 (3)湿度传感器典型电路的分析 【相关知识链接】 【任务评价】	

任务一 任务评价表:

评价内容	分值分配	得分	备注
能正确描述湿度表示法	30分		
能正确描述湿度传感器的分类	30分		
能正确描述湿度传感器的参数	30分		
态度端正,能正确使用仪器设备,安全操作	5分		
能做到"6S"管理要求	5分		
总分(100分)			

任务二 任务评价表:

评价内容	分值分配	得分	备注
能正确识读湿度传感器电路	20分		
能正确计算湿度传感器的温度补偿	20分		
能正确绘制湿度传感器测量电路的原理框图	20分		
能正确分析湿度传感器的典型电路	30分		
态度端正,能正确使用仪器设备,安全操作	5分		
能做到"6S"管理要求	5分		
总分(100分)			

续表

序号	工作任务	教学活动	参考学时
3	温度的检测	**任务三　制作简易湿度报警器** 【任务引入】 教师 PPT 展示简易湿度报警器的具体效果 【任务实施】 (1)简易湿度报警器的构成 (2)简易湿度报警器的工作原理 (3)简易湿度报警器的调试 (4)简易湿度报警器的检修 【相关知识链接】 【任务评价】	

评价内容	分值分配	得分	备注
能正确复述简易湿度报警器的原理	10 分		
能正确仿真简易湿度报警器	15 分		
能正确调试简易湿度报警器	30 分		
能对简易湿度报警器进行检修	35 分		
态度端正,能正确使用仪器设备,安全操作	5 分		
能做到"6S"管理要求	5 分		
总分(100 分)			

(三)鉴定

评价内容	分值分配	得分	备注
任务一完成情况	10 分		
任务二完成情况	25 分		
任务三完成情况	35 分		
能完成任意抽考 3 个任务中的一个	20 分		
学生在学习过程中的出勤、纪律情况,发言与同学协作互动情况,操作情况,仪器设备的使用情况,"6S"管理情况等	10 分		
总分(100 分)			

序号	工作任务	教学活动	参考学时
3	温度的检测	（四）拓展 通过查阅书籍,查询工业自动化控制、传感器检测技术等相关网站,了解传感器检测控制及应用等方面的知识,丰富工业自动化检测的知识,拓宽眼界	
4	物位的检测	（一）动员 1.教学目标 （1）知识目标 ●能描述物位的概念; ●能描述电容式传感器的工作原理、结构类型及特点,还有常用测试转换电路; ●能描述电容式传感器检测液位的原理。 （2）技能目标 ●会检测电容式传感器; ●会正确使用电容式传感器测量液位; ●会安装、调试及使用电容式液位计。 （3）情感态度目标 ●养成成本节约和安全生产意识; ●养成诚实、守信、吃苦耐劳的品德和良好的团队合作意识; ●养成善于动脑、勤于思考、及时发现问题的学习习惯; ●养成适应“6S”管理的工作习惯; ●养成爱护设备和检测仪器的良好习惯。 2.教学组织形式 在电子实训室进行,采用先集中讲解、演示,后分组练习指导 3.学习方法指导 （1）教法:集中讲解、演示,分组指导、检查 （2）学法:讨论、练习、询问 （二）训练 任务一　认识电容式传感器 【任务引入】 【任务实施】 （1）物位的概念 （2）电容式传感器的工作原理及结构类型 （3）电容式传感器的特点 【相关知识链接】 【任务评价】	6

续表

序号	工作任务	教学活动	参考学时
4	物位的检测	 	评价内容	分值分配	得分	备注
能正确复述物位的定义	30 分		
能正确描述电容式传感器的原理及结构类型	30 分		
能正确描述电容式传感器特点	30 分		
态度端正，能正确使用仪器设备，安全操作	5 分		
能做到"6S"管理要求	5 分		
总分（100 分）			| **任务二　电容式传感器常用测量转换电路** 【任务引入】 【任务实施】 （1）交流电桥电路 （2）调频测量电路 （3）差动脉冲调宽电路 （4）运算放大器式电路 【相关知识链接】 上网查阅，通过图片了解各类物位传感器 【任务评价】 | 评价内容	分值分配	得分	备注
能看懂电容式传感器的交流电桥电路	25 分		
能看懂电容式传感器的调频测量电路	25 分		
能看懂电容式传感器的差动脉冲调宽电路	25 分		
能看懂电容式传感器的运算放大器式电路	15 分		
态度端正，能正确使用仪器设备，安全操作	5 分		
能做到"6S"管理要求	5 分		
总分（100 分）				 **任务三　电容式传感器的液位检测应用** 【任务引入】 【任务实施】	

续表

序号	工作任务	教学活动	参考学时
4	物位的检测	(1)测量非导电液体 (2)测量导电液体 (3)电容式物位开关 (4)认识电容式物位计 (5)电容式物位计的检测 (6)用电容式物位计测水位高低 【相关知识链接】 【任务评价】 (表1) (三)鉴定 (表2) (四)拓展 通过查阅书籍,查询工业自动化控制、传感器检测技术等相关网站,了解传感器检测控制及应用等方面的知识,丰富工业自动化检测的知识,拓宽眼界	

【任务评价】

评价内容	分值分配	得分	备注
能正确描述电容式传感器测液位原理	30分		
能用电容式传感器正确检测出水位高低	25分		
能对测量出的水位进行数据记录和分析	35分		
态度端正,能正确使用仪器设备,安全操作	5分		
能做到"6S"管理要求	5分		
总分(100分)			

(三)鉴定

评价内容	分值分配	得分	备注
任务一完成情况	30分		
任务二完成情况	20分		
任务三完成情况	20分		
能完成任意抽考3个任务中的一个	20分		
学生在学习过程中的出勤、纪律情况,发言与同学协作互动情况,操作情况,仪器设备的使用情况,"6S"管理情况等	10分		
总分(100分)			

续表

序号	工作任务	教学活动	参考学时
5	距离的检测	（一）动员 1.教学目标 （1）知识目标 • 能描述距离测量的概念； • 能描述超声波传感器的工作原理、结构类型及特点； • 能描述超声波在介质中的传播特性。 （2）技能目标 • 能检测各类超声波传感器； • 会正确使用超声波传感器测量距离； • 能安装、调试简单超声波传感器电路。 （3）情感态度目标 • 养成成本节约和安全生产意识； • 养成诚实、守信、吃苦耐劳的品德和良好的团队合作意识； • 养成善于动脑、勤于思考、及时发现问题的学习习惯； • 养成适应"6S"管理的工作习惯； • 养成爱护设备和检测仪器的良好习惯。 2.教学组织形式 在电子实训室进行，采用先集中讲解、演示，后分组练习指导 3.学习方法指导 （1）教法：集中讲解、演示，分组指导、检查 （2）学法：讨论、练习、询问 （二）训练 任务一　认识超声波传感器 【任务引入】 【任务实施】 （1）距离测量的概念 （2）认识超声波传感器 （3）认识超声波传感器的组成原理 【相关知识链接】 【任务评价】 表格见下	6

评价内容	分值分配	得分	备注
能正确复述距离测量的定义	30分		
能正确描述超声波传感器的原理	30分		
能正确描述超声波传感器的组成	30分		
态度端正，能正确使用仪器设备，安全操作	5分		
能做到"6S"管理要求	5分		
总分（100分）			

续表

序号	工作任务	教学活动	参考学时
5	距离的检测	任务二　超声波传感器的实际应用 【任务引入】 【任务实施】 (1)超声波测厚度 (2)超声波探伤 (3)超声波测物位 (4)超声波测流量 【相关知识链接】 上网查阅,通过图片了解各类超声波传感器 【任务评价】 任务三　使用超声波传感器测量距离 【任务引入】 【任务实施】 (1)纵波、横波、表面波 (2)测距的公式 (3)检测超声波传感器和测量电路的好坏 (4)调整超声波传感器位置 (5)用超声波测量距离 (6)记录与分析 【相关知识链接】 【任务评价】	

评价内容	分值分配	得分	备注
能简述超声波测厚度的原理	25 分		
能简述超声波测探伤的原理	25 分		
能简述超声波测物位的原理	25 分		
能简述超声波测流量的原理	15 分		
态度端正,能正确使用仪器设备,安全操作	5 分		
能做到"6S"管理要求	5 分		
总分(100 分)			

续表

序号	工作任务	教学活动				参考学时
5	距离的检测					

评价内容	分值分配	得分	备注
能正确描述纵波、横波、表面波概念	20 分		
能正确写出测距的公式	20 分		
能简述超声波传感器测量距离的原理	20 分		
能对测量出的水位进行数据记录和分析	30 分		
态度端正，能正确使用仪器设备，安全操作	5 分		
能做到"6S"管理要求	5 分		
总分（100 分）			

（三）鉴定

评价内容	分值分配	得分	备注
任务一完成情况	30 分		
任务二完成情况	20 分		
任务三完成情况	20 分		
能完成任意抽考 3 个任务中的一个	20 分		
学生在学习过程中的出勤、纪律情况，发言与同学协作互动情况，操作情况，仪器设备的使用情况，"6S"管理情况等	10 分		
总分（100 分）			

（四）拓展

通过查阅书籍，查询工业自动化控制、传感器检测技术等相关网站，了解传感器检测控制及应用等方面的知识，丰富工业自动化检测的知识，拓宽眼界

序号	工作任务	教学活动	参考学时
6	力和压力的检测	（一）动员 1. 教学目标 （1）知识目标 • 能描述力传感器的基本组成结构； • 能描述电阻应变式传感器的工作原理、电阻应变式传感器的特点及常用测量电路； • 能描述压阻式传感器测压力的原理。	10

序号	工作任务	教学活动	参考学时
6	力和压力的检测	（2）技能目标 ●会正确检测电阻应变式传感器； ●会电阻应变式传感器的综合应用； ●会用压阻式传感器测压力。 （3）情感态度目标 ●养成成本节约和安全生产意识； ●养成诚实、守信、吃苦耐劳的品德和良好的团队合作意识； ●养成善于动脑、勤于思考、及时发现问题的学习习惯； ●养成适应“6S”管理的工作习惯； ●养成爱护设备和检测仪器的良好习惯。 2.教学组织形式 在电子实训室进行，采用先集中讲解、演示，后分组练习指导 3.学习方法指导 （1）教法：集中讲解、演示，分组指导、检查 （2）学法：讨论、练习、询问 （二）训练 任务一　认识电阻应变式传感器 【任务引入】 【任务实施】 （1）力传感器的工作原理 （2）认识电阻应变式传感器 （3）认识电阻应变片 （4）电阻应变片的主要参数 （5）电阻应变式传感器的应用 【相关知识链接】 网上查阅弹性敏感元件 【任务评价】	

评价内容	分值分配	得分	备注
能正确描述力传感器的基本组成结构	20分		
能正确描述电阻应变片的工作原理	20分		
能正确描述电阻应变片的常见类型及特点	20分		
能正确列举电阻应变片的主要参数	10分		
能正确列举电阻应变片的常见应用方式	20分		
态度端正，能正确使用仪器设备，安全操作	5分		
能做到“6S”管理要求	5分		
总分（100分）			

续表

序号	工作任务	教学活动	参考学时
6	力和压力的检测	**任务二　电阻应变片式传感器的综合应用** 【任务引入】 【任务实施】 （1）认识电桥 （2）应变片接入方式 （3）3 种桥路的性能比较 （4）电阻应变片式传感器的实际电路 【相关知识链接】 【任务评价】	

评价内容	分值分配	得分	备注
能正确描述电阻应变片测量电桥的原理	15 分		
会根据不同桥电路电阻应变片采用不同的粘贴方式	15 分		
能比较电阻应变片测量桥路的性能特点	30 分		
会电阻应变片式传感器的实际应用	30 分		
态度端正，能正确使用仪器设备，安全操作	5 分		
能做到"6S"管理要求	5 分		
总分（100 分）			

任务三　压阻式传感器的综合应用
【任务引入】
【任务实施】
（1）认识压阻式传感器
（2）压阻式传感器工作原理
（3）压阻式传感器测压力
（4）压阻式传感器压力测量的数据记录与分析
【相关知识链接】
【任务评价】

评价内容	分值分配	得分	备注
能正确认识压阻式传感器测量压力的原理	45 分		
能正确记录数据并分析	45 分		
态度端正，能正确使用仪器设备，安全操作	5 分		
能做到"6S"管理要求	5 分		
总分（100 分）			

序号	工作任务	教学活动				参考学时
6	力和压力的检测	(三)鉴定				

（三）鉴定

评价内容	分值分配	得分	备注
任务一完成情况	20分		
任务二完成情况	20分		
任务三完成情况	25分		
能完成任意抽考3个任务中的一个	25分		
学生在学习过程中的出勤、纪律情况,发言与同学协作互动情况,操作情况,仪器设备的使用情况,"6S"管理情况等	10分		
总分(100分)			

（四）拓展

通过查阅书籍,查询工业自动化控制、传感器检测技术等相关网站,了解传感器检测控制及应用等方面的知识,丰富工业自动化检测的知识,拓宽眼界

7　位移的检测　（参考学时 8）

（一）动员

1.教学目标

（1）知识目标

●能认识电位器式位移传感器;

●能认识感应同步器位移传感器;

●能认识光栅位移传感器。

（2）技能目标

●会检测电位器式位移传感器;

●会用电位器式位移传感器测量位移;

●会安装与调试感应同步器位移传感器;

●会安装与调试光栅位移传感器。

（3）情感态度目标

●养成成本节约和安全生产意识;

●养成诚实、守信、吃苦耐劳的品德和良好的团队合作意识;

●养成善于动脑、勤于思考、及时发现问题的学习习惯;

●养成适应"6S"管理的工作习惯;

●养成爱护设备和检测仪器的良好习惯。

续表

序号	工作任务	教学活动	参考学时
7	位移的检测	2.教学组织形式 在电子实训室进行,采用先集中讲解、演示,后分组练习指导 3.学习方法指导 (1)教法:集中讲解、演示,分组指导、检查 (2)学法:讨论、练习、询问 (二)训练 任务一　电位器式传感器测位移 【任务引入】 【任务实施】 (1)认识电位器式传感器 (2)电位器式传感器工作原理 (3)电位器式位移传感器的检测及应用 【相关知识链接】 网上查阅工业中常用的电位器传感器 【任务评价】	

评价内容	分值分配	得分	备注
能正确识别电位器式传感器	30 分		
能正确描述电位器式传感器的工作原理	30 分		
能正确使用电位器式位移传感器进行检测	30 分		
态度端正,能正确使用仪器设备,安全操作	5 分		
能做到"6S"管理要求	5 分		
总分(100 分)			

任务二　感应同步器测位移
【任务引入】
【任务实施】
(1)感应同步器的结构及分类
(2)感应同步器的测量原理
(3)感应同步器的工作方式
(4)感应同步器测位移的优点
(5)感应同步器的安装
【相关知识链接】
【任务评价】

续表

序号	工作任务	教学活动				参考学时

评价内容	分值分配	得分	备注
能正确描述感应同步器的测量原理	25 分		
能正确描述感应同步器的工作方式	25 分		
能正确安装感应同步器	40 分		
态度端正,能正确使用仪器设备,安全操作	5 分		
能做到"6S"管理要求	5 分		
总分(100 分)			

任务三　光栅位移传感器测位移

【任务引入】

【任务实施】

(1)光栅和莫尔条纹

(2)光栅位移传感器的结构及工作原理

(3)光栅位移传感器的安装

【相关知识链接】

【任务评价】

序号 7　位移的检测

评价内容	分值分配	得分	备注
能正确简述光栅和莫尔条纹的含义	25 分		
能正确描述光栅位移传感器的结构及工作原理	25 分		
能对光栅位移传感器进行正确安装	40 分		
态度端正,能正确使用仪器设备,安全操作	5 分		
能做到"6S"管理要求	5 分		
总分(100 分)			

(三)鉴定

评价内容	分值分配	得分	备注
任务一完成情况	20 分		
任务二完成情况	20 分		
任务三完成情况	25 分		
能完成任意抽考 3 个任务中的一个	25 分		
学生在学习过程中的出勤、纪律情况,发言与同学协作互动情况,操作情况,仪器设备的使用情况,"6S"管理情况等	10 分		
总分(100 分)			

续表

序号	工作任务	教学活动	参考学时
7	位移的检测	（四）拓展 通过查阅书籍，查询工业自动化控制、传感器检测技术等相关网站，了解传感器检测控制及应用等方面的知识，丰富工业自动化检测的知识，拓宽眼界	
8	位置的检测	（一）动员 1.教学目标 （1）知识目标 ● 会检测电感式接近开关、霍尔接近开关、电容式接近开关、光电式接近开关、磁性开关； ● 认识电感式接近开关，能描述电感式接近开关的结构、功能及原理； ● 认识霍尔接近开关，能描述霍尔接近开关的结构、功能及原理； ● 认识电容式接近开关，能描述电容式接近开关的结构、功能及原理； ● 认识光电式接近开关，能描述光电式接近开关的结构、功能及原理； ● 认识磁性开关，能描述磁性开关的结构、功能及原理。 （2）技能目标 ● 会运用电感式接近开关测近距离内的物体位置； ● 会霍尔接近开关测量物体位置； ● 会电容式接近开关检测物体； ● 会光电式接近开关检测及识别物体； ● 会磁性开关在汽缸上的应用。 （3）情感态度目标 ● 养成成本节约和安全生产意识； ● 养成诚实、守信、吃苦耐劳的品德和良好的团队合作意识； ● 养成善于动脑、勤于思考、及时发现问题的学习习惯； ● 养成适应"6S"管理的工作习惯； ● 养成爱护设备和检测仪器的良好习惯。 2.教学组织形式 在电子实训室进行，采用先集中讲解、演示，后分组练习指导 3.学习方法指导 （1）教法：集中讲解、演示、分组指导、检查 （2）学法：讨论、练习、询问 （二）训练 任务一　电感式接近开关测量物体位置 【任务引入】 【任务实施】	12

序号	工作任务	教学活动	参考学时
8	位置的检测	（1）电感式接近开关的工作原理 （2）电感式接近开关的技术参数 （3）检测电感式接近开关 （4）电感式接近开关在西门子 S7-2000PLC 控制系统中的应用 【相关知识链接】 【任务评价】 表1 任务二　霍尔开关测量物体位置 【任务引入】 【任务实施】 （1）霍尔开关的工作原理 （2）霍尔开关的性能 （3）霍尔接近开关的检测 【相关知识链接】 网上查阅霍尔开关的分类 【任务评价】 表2	

表1

评价内容	分值分配	得分	备注
能正确识别电感式接近开关的参数	20 分		
会用万用表检测电感式接近开关	25 分		
会电感式接近开关和 PLC 的接线	25 分		
电感式接近开关和 PLC 控制系统的通电检测	20 分		
态度端正,能正确使用仪器设备,安全操作	5 分		
能做到"6S"管理要求	5 分		
总分(100 分)			

表2

评价内容	分值分配	得分	备注
能正确描述霍尔开关的识别	20 分		
会用万用表电阻挡检测霍尔开关	35 分		
会用万用表电压挡检测霍尔开关	35 分		
态度端正,能正确使用仪器设备,安全操作	5 分		
能做到"6S"管理要求	5 分		
总分(100 分)			

续表

序号	工作任务	教学活动	参考学时
8	位置的检测	任务三　光电开关测量物体位置 【任务引入】 【任务实施】 (1)光电效应 (2)光电开关的特点 (3)光电开关的工作原理及分类 (4)光电开关的检测方法 (5)制作光电亮通和暗通控制电路 【相关知识链接】 【任务评价】<table><tr><td>评价内容</td><td>分值分配</td><td>得分</td><td>备注</td></tr><tr><td>能正确描述光电开关的工作原理</td><td>10分</td><td></td><td></td></tr><tr><td>能正确检测光电开关好坏</td><td>40分</td><td></td><td></td></tr><tr><td>能制作光电亮通控制电路</td><td>20分</td><td></td><td></td></tr><tr><td>能够制作光电暗通控制电路</td><td>20分</td><td></td><td></td></tr><tr><td>态度端正,能正确使用仪器设备,安全操作</td><td>5分</td><td></td><td></td></tr><tr><td>能做到"6S"管理要求</td><td>5分</td><td></td><td></td></tr><tr><td>总分(100分)</td><td></td><td></td><td></td></tr></table> 任务四　电容式接近开关的应用 【任务引入】 【任务实施】 (1)认识电容式接近开关 (2)电容式接近开关的结构和工作原理 (3)电容式接近开关动作距离的调整方法 【相关知识链接】 【任务评价】<table><tr><td>评价内容</td><td>分值分配</td><td>得分</td><td>备注</td></tr><tr><td>能正确识别电容式接近开关的参数</td><td>10分</td><td></td><td></td></tr><tr><td>能正确连接电容式接近开关的电路</td><td>40分</td><td></td><td></td></tr><tr><td>能正确调整电容接近开关动作距离</td><td>40分</td><td></td><td></td></tr><tr><td>态度端正,能正确使用仪器设备,安全操作</td><td>5分</td><td></td><td></td></tr><tr><td>能做到"6S"管理要求</td><td>5分</td><td></td><td></td></tr><tr><td>总分(100分)</td><td></td><td></td><td></td></tr></table>	

序号	工作任务	教学活动	参考学时
8	位置的检测	（三）鉴定 {鉴定表} （四）拓展 通过查阅书籍,查询工业自动化控制、传感器检测技术等相关网站,了解传感器检测控制及应用等方面的知识,丰富工业自动化检测的知识,拓宽眼界	
9	气体成分参数的检测	（一）动员 1. 教学目标 （1）知识目标 •能描述气敏传感器的工作原理; •能描述气敏传感器材料的形成及分类; •能描述气敏器件的主要参数及特性。 （2）技能目标 •会检测气敏传感器; •会气敏传感器的测量方法; •会气敏传感器的正确使用; •会分析气敏传感器的应用电路。 （3）情感态度目标 •养成成本节约和安全生产意识; •养成诚实、守信、吃苦耐劳的品德和良好的团队合作意识; •养成善于动脑、勤于思考、及时发现问题的学习习惯; •养成适应"6S"管理的工作习惯; •养成爱护设备和检测仪器的良好习惯。	6

鉴定表内容如下：

评价内容	分值分配	得分	备注
任务一完成情况	20 分		
任务二完成情况	20 分		
任务三完成情况	20 分		
任务四完成情况	20 分		
能完成任意抽考 4 个任务中的一个	10 分		
学生在学习过程中的出勤、纪律情况,发言与同学协作互动情况,操作情况,仪器设备的使用情况,"6S"管理情况等	10 分		
总分（100 分）			

续表

序号	工作任务	教学活动	参考学时
9	气体成分参数的检测	2.教学组织形式 在电子实训室进行,采用先集中讲解、演示,后分组练习指导 3.学习方法指导 (1)教法:集中讲解、演示,分组指导、检查 (2)学法:讨论、练习、询问 (二)训练 任务一　认识气敏传感器 【任务引入】 【任务实施】 (1)气敏传感器的原理及分类 (2)半导体气敏传感器 (3)SnO_2气敏元件介绍 【相关知识链接】 【任务评价】	

评价内容	分值分配	得分	备注
能正确描述气敏传感器的原理	30 分		
能正确认识半导体气敏传感器	30 分		
能正确描述气敏传感器各个参数的含义	30 分		
态度端正,能正确使用仪器设备,安全操作	5分		
能做到"6S"管理要求	5 分		
总分(100 分)			

任务二　气体传感器的实例应用

【任务引入】

【任务实施】

(1)酒气浓度传感器的应用实例

(2)可燃性气体泄漏报警器

(3)在汽车中应用的气体传感器

(4)在工业中应用的气体传感器

(5)在家电中应用的气体传感器

(6)检测大气污染方面用的气体传感器

【相关知识链接】

序号	工作任务	教学活动	参考学时
9	气体成分参数的检测	【任务评价】 | 评价内容	分值分配	得分	备注 | |---|---|---|---| | 能正确使用酒气浓度传感器 | 30分 | | | | 会正确使用可燃性气体泄漏报警器 | 30分 | | | | 能举例说明气体传感器在汽车、工业、家电、检测大气等方面的应用 | 30分 | | | | 态度端正,能正确使用仪器设备,安全操作 | 5分 | | | | 能做到"6S"管理要求 | 5分 | | | | 总分(100分) | | | | 任务三　气体传感器的电路 【任务引入】 【任务实施】 (1)电源电路 (2)辅助电路 (3)检测工作电路 (4)自动空气净化换气扇电路分析 (5)制作天然气报警器 【相关知识链接】 【任务评价】 | 评价内容	分值分配	得分	备注 | |---|---|---|---| | 能认识气体传感器电路 | 15分 | | | | 能正确分析自动空气净化换气扇电路 | 20分 | | | | 能正确连接天然气报警电路 | 25分 | | | | 能成功调试天然气报警电路 | 30分 | | | | 态度端正,能正确使用仪器设备,安全操作 | 5分 | | | | 能做到"6S"管理要求 | 5分 | | | | 总分(100分) | | | |	

续表

序号	工作任务	教学活动	参考学时
9	气体成分参数的检测	（三）鉴定 | 评价内容	分值分配	得分	备注
任务一完成情况	20 分		
任务二完成情况	20 分		
任务三完成情况	25 分		
能完成任意抽考 3 个任务中的一个	25 分		
学生在学习过程中的出勤、纪律情况，发言与同学协作互动情况，操作情况，仪器设备的使用情况，"6S"管理情况等	10 分		
总分（100 分）				 （四）拓展 通过查阅书籍，查询工业自动化控制、传感器检测技术等相关网站，了解传感器检测控制及应用等方面的知识，丰富工业自动化检测的知识，拓宽眼界	

5 实施建议

5.1 教材编写或选用

（1）依据本课程标准编写或选用教材，教材应充分体现任务引领、实践导向课程的设计思想。

（2）教材应将本专业职业活动，分解成 5 个典型的工作项目，按完成工作项目的需要和岗位操作规程，结合职业技能证书考证组织教材内容。要通过讲解演示、模拟仿真、理实一体教学并运用所学知识进行评价，引入必需的理论知识，增加实践实操内容，强调理论在实践过程中的应用。

（3）教材应图文并茂，提高学生的学习兴趣，加深学生对传感器检测技术及应用的认识和理解。教材表达必须精练、准确、科学。

（4）教材内容应体现先进性、通用性、实用性，要将本专业新技术、新工艺、新材料及时地纳入教材,使教材更贴近本专业的发展和实际需要。

(5)教材中活动设计的内容要具体,并具有可操作性。

5.2　教学建议

(1)在教学过程中,应立足于加强学生实际操作能力的培养,采用项目教学法,以任务驱动方式进行,提高学生学习兴趣,激发学生的成就动机。

(2)本课程教学的关键是现场教学,应选用典型传感器控制实例为载体,在教学过程中,教师示范和学生分组讨论、训练互动,学生提问与教师解答、指导有机结合,让学生在"教"与"学"过程中得到提高。

(3)在教学过程中,要创设工作情景,加大实践实操的容量,要紧密结合职业技能证书的考证,加强考证实操项目的训练,在实践实操过程中,使学生掌握如何根据现场实际要求进行技术检测,提高学生的岗位适应能力。

(4)在教学过程中,要重视本专业领域新技术、新工艺、新材料的发展趋势,贴近企业、贴近生产。为学生提供职业生涯发展的空间,努力培养学生参与社会实践的创新精神和职业能力。

(5)在教学过程中,教师应积极引导学生提升职业素养,提高职业道德。

5.3　教学评价

(1)改革传统的评价手段和方法,采用每完成一个任务就阶段评价,每完成一个项目就目标评价,注重过程性评价的重要性。

(2)关注评价的多元性,结合课堂提问、学生作业、任务训练情况、技能过手情况、任务阶段测验、项目目标考核作为平时成绩,占总成绩的70%;理论考试和实际操作作为期末成绩,其中理论考试占30%,实际操作考试占70%,占总成绩的30%。

(3)应注重学生动手能力和实践中分析问题、解决问题能力的考核,对在学习和应用上有创新的学生应予以特别鼓励,全面综合评价学生能力。

5.4　课程资源

(1)注重实训指导书和实训教材的开发和应用。

(2)注重课程资源和现代化教学资源的开发和利用,如多媒体的应用,这些资源有利于创设形象生动的工作情景,激发学生的学习兴趣,促进学生对知识的理解和掌握。同时,建议加强课程资源的开发,建立多媒体课程资源的数据库,努力实现跨学校多媒体资源的共享，以提高课程资源利用效率。

（3）积极开发和利用网络课程资源，充分利用诸如电子书籍、电子期刊、数据库、数字图书馆、教育网站和电子论坛等网上信息资源，使教学从单一媒体向多种媒体转变；教学活动从信息的单向传递向双向交换转变；学生单独学习向合作学习转变。同时应积极创造条件搭建远程教学平台，扩大课程资源的交互空间。

（4）产学合作开发实训课程资源，充分利用校内外实训基地进行产学合作，实践"工学"交替，满足学生的实习、实训，同时为学生的就业创造机会。

（5）建立本专业开放式实训中心，使之具备现场教学、实训、职业技能证书考证的功能，实现教学与实训合一、教学与培训合一、教学与考证合一，满足学生综合职业能力培养的要求。

5.5 其他说明

本课程教学标准适用于中职院校电子与信息技术机电一体化专业方向。

"制冷技术与运用"课程标准

1 概述

1.1 课程定位

本课程是中等职业学校电子与信息技术专业的一门专业方向课程,适用于中等职业学校电子与信息技术、电子电器应用与维修、制冷与空调技术等专业,是从事制冷技术与制冷维修岗位工作的必修课程,其主要功能是使学生掌握电冰箱、空调器原理及维修的基本知识,具备独立操作制冷电器维修的能力,能胜任制冷技术工作和制冷维修岗位工作。

前导课程有电工技术与实训、电子技术与实训等,还应与电动电热器具等同时开设。

1.2 设计思路

本课程的设计思路以"电子与信息技术专业工作任务与职业能力分析表"中的电子产品维修工作领域中的制冷设备维修任务和学生职业生涯发展为主线,构建项目化课程,并以此确定课程目标、设计课程内容。按工作过程设计学习过程,通过系统性地学习和培训使学生掌握相关的知识和技能,逐步形成制冷技术操作的职业能力。

本课程的目的是培养能够胜任制冷维修工作岗位的中级技能型人才。立足这一目的,本课程结合制冷职业资格标准、中职学生身心发展特点、技能人才培养规律的要求,依据职业能力分析得出的知识、技能和态度要求制订了包括知识、技能、态度3个方面的五条课程目标。

依据上述课程目标定位,本课程从知识、能力、态度3个方面对课程内容进行规划与设计,使课程内容更好地与制冷技术工作岗位对接。

本课程是一门以操作技能为核心内容的课程,其教学要以任务驱动的项目教学法为主要方法,实行工学结合的人才培养模式教学。教学可在学校传统教室、实训情境中进行。

每一个项目的学习都以制冷实训室为载体，以工作任务为中心整合，实现能力培养，给学生提供更多的动手机会，提高实作技能。

本课程总课时为 108 学时，建议第三学期开设。

2 课程目标建议

通过本课程的学习，使学生具有从事制冷技术岗位工作所必需的知识、技能和态度，成为具有中级制冷职业资格的技能型人才。

2.1 知识目标

- 能描述制冷系统的组成、作用，记住制冷系统的工作过程；
- 能描述制冷系统主要部件的作用、结构，理解制冷系统主要部件的工作过程；
- 能推断出制冷系统简单故障产生的原因并具有排除的思路。

2.2 技能目标

- 能识读电路控制系统电路图；
- 会按技术要求检测和更换制冷系统各部件；
- 能利用检测设备完成制冷系统简单故障的排除。

2.3 情感态度目标

- 养成安全操作的意识；
- 养成诚实守信、吃苦耐劳的品德；
- 养成勤动脑勤思考、积极发现问题的学习习惯；
- 培养团队意识、合作意识、沟通和协调能力；
- 养成良好的实作纪律行为习惯；
- 养成爱护设备和检测仪器的良好习惯。

3　课程内容和要求

序号	工作任务	知识要求	技能要求	情感态度要求	参考学时
1	制冷设备的基础知识	• 能描述物质的三态变化及热力学定律； • 能描述制冷压缩原理及制冷剂的意义； • 能理解半导体式电冰箱、吸收式电冰箱的相关知识。	• 能辨认生活中的各种制冷设备； • 能判断各种制冷剂的类别。	• 养成安全操作的意识； • 养成诚实守信、吃苦耐劳的品德； • 养成勤动脑勤思考、积极发现问题的学习习惯； • 培养团队意识、合作意识、沟通和协调能力； • 养成良好的实作纪律行为习惯； • 养成爱护设备和检测仪器的良好习惯。	10
2	制冷设备中附件的认识	• 能描述电冰箱的各个附件外形及位置； • 能描述空调器的各个附件外形及位置。	• 会辨认电冰箱的各个附件； • 能掌握电冰箱的各个附件的作用及故障的处理； • 能辨认空调器的各个附件； • 能掌握空调器的各个附件的作用及故障的处理； • 能辨认其他制冷设备的各个附件； • 能描述电冰箱的各个附件外形及位置； • 能描述空调器的各个附件外形及位置。	• 养成安全操作的意识； • 养成诚实守信、吃苦耐劳的品德； • 养成勤动脑勤思考、积极发现问题的学习习惯； • 培养团队意识、合作意识、沟通和协调能力； • 养成良好的实作纪律行为习惯； • 养成爱护设备和检测仪器的良好习惯。	20

续表

序号	工作任务	知识要求	技能要求	情感态度要求	参考学时
3	制冷设备中电控部分的认识	• 能描述电冰箱电动机保护及启动装置的位置和作用； • 能描述电冰箱温度控制器的位置和作用； • 能描述电冰箱加热及除霜装置的位置和作用； • 能描述电冰箱照明电路的构成； • 能描述空调器电动机保护及启动装置的位置和作用； • 能描述空调器遥控电路的构成。	• 会判断电冰箱电动机保护及启动装置的作用，会排除简单的故障； • 会判断电冰箱温度控制器的作用，会排除简单的故障； • 会判断电冰箱加热及除霜装置的作用，会排除简单的故障； • 会判断空调器电动机保护及启动装置的作用，会排除简单的故障； • 会排除空调器遥控电路中简单的故障； • 会拆装电控部件。	• 养成安全操作的意识； • 养成诚实守信、吃苦耐劳的品德； • 养成勤动脑勤思考、积极发现问题的学习习惯； • 培养团队意识、合作意识、沟通和协调能力； • 养成良好的实作纪律行为习惯； • 养成爱护设备和检测仪器的良好习惯。	24
4	制冷设备中制冷系统的认识及组装	• 能描述制冷系统基本检修工艺要求； • 能描述电冰箱制冷系统的组成部分； • 能描述空调器制冷系统的组成部分； • 能描述其他制冷设备制冷系统的组成部分。	• 能正确使用制冷检测仪器； • 能制作紫铜管的喇叭口、杯形口、U型弯； • 能使用焊枪对铜管进行焊接； • 会进行系统压力测试和检漏的操作； • 能灌注制冷剂。	• 养成安全操作的意识； • 养成诚实守信、吃苦耐劳的品德； • 养成勤动脑勤思考、积极发现问题的学习习惯； • 培养团队意识、合作意识、沟通和协调能力； • 养成良好的实作纪律行为习惯； • 养成爱护设备和检测仪器的良好习惯。	24

续表

序号	工作任务	知识要求	技能要求	情感态度要求	参考学时
5	制冷设备的检测及维修	• 能描述电冰箱电控部分的检测方法； • 能描述房间空调器电控部分的检测方法； • 能描述电冰箱制冷系统的检测方法； • 能描述房间空调器制冷系统的检测方法； • 能描述汽车空调器的检测方法。	• 能检测和维修电冰箱的电控部分； • 能检测和维修电冰箱的压缩机； • 能检测和维修电冰箱的蒸发器； • 能检测和维修电冰箱的散热器； • 能检测和维修房间空调器的电控部分； • 能检测和维修汽车空调器的电控部分； • 能检测和维修房间空调器的制冷系统； • 能检测和维修汽车空调器的制冷系统； • 能进行漏氟测试及处理漏氟故障； • 能完成空调器安装与维修。	• 养成安全操作的意识； • 养成诚实守信、吃苦耐劳的品德； • 养成勤动脑勤思考、积极发现问题的学习习惯； • 培养团队意识、合作意识、沟通和协调能力； • 养成良好的实作纪律行为习惯； • 养成爱护设备和检测仪器的良好习惯。	20
6	机动(考核)				10
7			合　计		108

4　教学活动设计

序号	工作任务	教学活动	参考学时
1	制冷设备的基础知识	(一)动员 1.教学目标 (1)知识目标 • 能描述物质的三态变化及热力学定律；	10

续表

序号	工作任务	教学活动	参考学时
1	制冷设备的基础知识	• 能描述制冷压缩原理及制冷剂的意义； • 能理解半导体式电冰箱、吸收式电冰箱的相关知识。 （2）技能目标 • 能辨认生活中的各种制冷设备； • 能判断各种制冷剂的类别。 （3）情感目标 • 养成安全操作的意识； • 养成诚实守信、吃苦耐劳的品德； • 养成勤动脑勤思考、积极发现问题的学习习惯； • 培养团队意识、合作意识、沟通和协调能力； • 养成良好的实作纪律行为习惯； • 养成爱护设备和检测仪器的良好习惯。 2.教学组织形式 在制冷实训室中采取分组教学 3.教学方法指导 （1）教法：讲解、演示、学生操作、展示成果 （2）学法：分析、实践、提问 （二）训练 任务一　辨认生活中的各种制冷设备 活动一：认识电冰箱 （1）认识单开门电冰箱 　　第1步：认识单开门电冰箱的附件 　　第2步：认识单开门电冰箱的电控部分 　　第3步：认识单开门电冰箱的制冷系统 （2）认识双开门电冰箱 　　第1步：认识双开门电冰箱的附件 　　第2步：认识双开门电冰箱的电控部分 　　第3步：认识双开门电冰箱的制冷系统 （3）认识三开门电冰箱 　　第1步：认识三开门电冰箱的附件 　　第2步：认识三开门电冰箱的电控部分 　　第3步：认识三开门电冰箱的制冷系统 展示与评价	

序号	工作任务	教学活动	参考学时
1	制冷设备的基础知识	【相关知识链接】 活动二:认识空调器 (1)认识窗式空调器 　　第1步:认识窗式空调器的附件 　　第2步:认识窗式空调器的电控部分 　　第3步:认识窗式空调器的制冷系统 (2)认识挂式空调器 　　第1步:认识挂式空调器的附件 　　第2步:认识挂式空调器的电控部分 　　第3步:认识挂式空调器的制冷系统 (3)认识柜式空调器 　　第1步:认识柜式空调器的附件 　　第2步:认识柜式空调器的电控部分 　　第3步:认识柜式空调器的制冷系统 (4)认识中央空调器 　　第1步:认识中央空调器的附件 　　第2步:认识中央空调器的电控部分 　　第3步:认识中央空调器的制冷系统 展示与评价 【相关知识链接】 活动三:认识冰柜、冷冻库 (1)认识单温冰柜 　　第1步:认识单温冰柜的附件 　　第2步:认识单温冰柜的电控部分 　　第3步:认识单温冰柜的制冷系统 (2)认识双温冰柜 　　第1步:认识双温冰柜的附件 　　第2步:认识双温冰柜的电控部分 　　第3步:认识双温冰柜的制冷系统 (3)认识冷冻库 　　第1步:认识冷冻库的结构 　　第2步:认识冷冻库的电控部分 　　第3步:认识冷冻库的制冷系统	

续表

序号	工作任务	教学活动	参考学时
1	制冷设备的基础知识	展示与评价 【相关知识链接】 展示与评价 任务二　判断各种制冷剂的类别 活动一：找出各种制冷剂样品 (1)学生收集制冷剂样品 　　第1步：学生收集电冰箱制冷剂样品 　　第2步：学生收集空调器制冷剂样品 　　第3步：学生收集其他制冷剂样品 (2)教师购买制冷剂样品 　　第1步：教师购买电冰箱制冷剂样品 　　第2步：教师购买空调器制冷剂样品 　　第3步：教师购买其他制冷剂样品 (3)收集制冷剂样品文字、图片资料 　　第1步：在网络中收集制冷剂样品资料 　　第2步：在书报中收集制冷剂样品资料 　　第3步：在广播、电视中收集制冷剂样品资料 展示与评价 【相关知识链接】 活动二：让同学来指出每种制冷剂的名称 (1)让一名同学指出每种制冷剂的名称 　　第1步：让一名同学指出每种制冷剂的名称 　　第2步：其他同学发表意见 　　第3步：教师点评 (2)让小组同学指出每种制冷剂的名称 　　第1步：让一组同学指出每种制冷剂的名称 　　第2步：其他组同学发表意见 　　第3步：教师点评 (3)让每个同学指出每种制冷剂的名称 　　第1步：让每个学生指出每种制冷剂的名称 　　第2步：同学们互评,发表意见 　　第3步：教师点评	

续表

序号	工作任务	教学活动	参考学时
1	制冷设备的基础知识	展示与评价 【相关知识链接】 活动三:记录制冷剂种类名称 (1)记录电冰箱各种制冷剂的名称 　　第1步:小组长记录 　　第2步:每个学生记录 　　第3步:教师记录 (2)记录空调器各种制冷剂的名称 　　第1步:小组长记录 　　第2步:每个学生记录 　　第3步:教师记录 (3)记录其他制冷设备制冷剂的名称 　　第1步:小组长记录 　　第2步:每个学生记录 　　第3步:教师记录 展示与评价 【相关知识链接】 展示与评价 (三)鉴定 1.知识 在实训室采取师生互动法对学生制冷设备方面的知识进行考核 2.技能 a.能正确判断出各种电冰箱、空调器、冰柜、冷冻库的名称 b.能正确判断出各种制冷剂的名称 3.态度 通过访谈方式了解学生学习过程的发言情况、鉴定操作过程的表现,以此判明是否具有谦虚学习的态度 (四)拓展 1.学习资源介绍 2.学习方法指导	

续表

序号	工作任务	教学活动	参考学时
2	制冷设备中附件的认识	（一）动员 1.教学目标 （1）知识目标 ● 能描述电冰箱的各个附件外形及位置； ● 能描述空调器的各个附件外形及位置。 （2）技能目标 ● 会辨认电冰箱的各个附件； ● 能掌握电冰箱的各个附件的作用及故障的处理； ● 能辨认空调器的各个附件； ● 能掌握空调器的各个附件的作用及故障的处理； ● 能辨认其他制冷设备的各个附件。 （3）情感目标 ● 养成安全操作的意识； ● 养成诚实守信、吃苦耐劳的品德； ● 养成勤动脑勤思考、积极发现问题的学习习惯； ● 培养团队意识、合作意识、沟通和协调能力； ● 养成良好的实作纪律行为习惯； ● 养成爱护设备和检测仪器的良好习惯。 2.教学组织形式 在制冷实训室中采取分组教学 3.教学方法指导 （1）教法：讲解、演示、学生操作、展示成果 （2）学法：分析、实践、提问 （二）训练 任务一　会辨认电冰箱的各个附件 活动一：辨认电冰箱的搁架 　第1步：认识搁架的位置 　第2步：认识搁架的外形 活动二：辨认电冰箱的果菜盒 　第1步：认识果菜盒的位置 　第2步：认识果菜盒的外形 活动三：辨认电冰箱的储物盒 　第1步：认识储物盒的位置 　第2步：认识储物盒的外形	20

序号	工作任务	教学活动	参考学时
2	制冷设备中附件的认识	展示与评价 【相关知识链接】 任务二　能掌握电冰箱的各个附件的作用及故障的处理 活动一:掌握搁架的作用及故障处理 (1)掌握搁架的作用 　　第 1 步:知道饮料搁架的位置和特点 　　第 2 步:知道汤菜搁架的位置和特点 　　第 3 步:知道蛋类搁架的位置和特点 (2)掌握搁架的故障处理 更换同样规格的搁物架 活动二:掌握果菜盒的作用及故障处理 (1)知道饮料搁架的位置和特点 (2)掌握搁架的故障处理 更换同样规格的搁物架 展示与评价 【相关知识链接】 任务三　能辨认空调器的各个附件 活动一:辨认空调器的箱壳 　　第 1 步:认识箱壳的位置 　　第 2 步:认识箱壳的外形 活动二:辨认空调器的底盘 　　第 1 步:认识底盘的位置 　　第 2 步:认识底盘的外形 活动三:辨认空调器的面板 　　第 1 步:认识面板的位置 　　第 2 步:认识面板的外形 展示与评价 【相关知识链接】 任务四　能掌握空调器的各个附件的作用及故障的处理 活动一:掌握箱壳的作用及故障处理 (1)掌握箱壳的作用 　　第 1 步:知道箱壳的位置和特点 　　第 2 步:知道箱壳的种类 　　第 3 步:知道箱壳的作用	

续表

序号	工作任务	教学活动	参考学时
2	制冷设备中附件的认识	（2）掌握箱壳的故障处理 更换同样规格的箱壳 活动二：掌握底盘的作用及故障处理 （1）知道底盘的位置和特点 （2）掌握搁架的故障处理 不能更换底盘，只能作维修和加固处理 活动三：掌握面板的作用及故障处理 （1）知道面板的位置和特点 （2）掌握面板的故障处理 更换同样规格的面板 展示与评价 【相关知识链接】 任务五　能辨认其他制冷设备的各个附件 1.认识冰柜的各个附件 2.认识展示柜的各个附件 展示与评价 【相关知识链接】 展示与评价 （三）鉴定 1.知识 在实训室采取师生互动法对学生制冷设备方面的附件知识进行考核 2.技能 a.能正确判断电冰箱各个附件的位置并作出故障处理 b.能正确判断空调各个附件的位置并作出故障处理 3.态度 通过访谈方式了解学生学习过程的发言情况、鉴定操作过程的表现。以此判明是否具有谦虚学习的态度 （四）拓展 1.学习资源介绍 2.学习方法指导	

续表

序号	工作任务	教学活动	参考学时
3	制冷设备中电控部分的认识	(一)动员 1.教学目标 (1)知识目标 •能描述电冰箱电动机保护及启动装置的位置和作用; •能描述电冰箱温度控制器的位置和作用; •能描述电冰箱加热及除霜装置的位置和作用; •能描述电冰箱照明电路的构成; •能描述空调器电动机保护及启动装置的位置和作用; •能描述空调器遥控电路的构成。 (2)技能目标 •会判断电冰箱电动机保护及启动装置的作用及故障处理; •会判断电冰箱温度控制器的作用及故障处理; •会判断电冰箱加热及除霜装置的作用及故障处理; •会判断空调器电动机保护及启动装置的作用及故障处理; •能判断空调器遥控电路的故障处理; •会拆装电控部件。 (3)情感目标 •养成操作安全的意识; •养成诚实守信、吃苦耐劳的品德; •养成勤动脑勤思考、积极发现问题的学习习惯; •培养团队意识、合作意识、沟通和协调能力; •养成良好的实作纪律行为习惯; •养成爱护设备和检测仪器的良好习惯。 2.教学组织形式 在制冷实训室中采取分组教学 3.教学方法指导 (1)教法:讲解、演示、学生操作、展示成果 (2)学法:分析、实践、提问 (二)训练 任务一　会判断电冰箱电动机保护及启动装置的作用及故障处理 活动一:判断电冰箱电动机保护装置的作用及故障处理 (1)掌握电冰箱电动机保护装置的内部结构 　　第1步:认识电冰箱电动机保护装置的位置 　　第2步:掌握电冰箱电动机保护装置的端口在电路中的连接	24

续表

序号	工作任务	教学活动	参考学时
3	制冷设备中电控部分的认识	（2）掌握电冰箱电动机保护装置的故障处理 　　第1步：判断电冰箱电动机保护装置的好坏 　　第2步：能更换保护装置 活动二：判断电冰箱电动机启动装置的作用及故障处理 （1）掌握电冰箱电动机启动装置的内部结构 　　第1步：认识电冰箱电动机启动装置的位置 　　第2步：掌握电冰箱电动机启动装置的端口在电路中的连接 （2）掌握电冰箱电动机启动装置的故障处理 　　第1步：判断电冰箱电动机启动装置的好坏 　　第2步：能更换启动装置 展示与评价 【相关知识链接】 任务二　会判断电冰箱温度控制器的作用及故障处理 活动一：掌握电冰箱电动机保护装置的内部结构 　　第1步：认识电冰箱电动机保护装置的位置 　　第2步：掌握电冰箱电动机保护装置的端口在电路中的连接 活动二：掌握电冰箱电动机保护装置的故障处理 　　第1步：判断电冰箱电动机保护装置的好坏 　　第2步：能更换保护装置 展示与评价 【相关知识链接】 任务三　会判断电冰箱加热及除霜装置的作用及故障处理 活动一：掌握电冰箱加热及除霜装置的内部结构 　　第1步：认识电冰箱加热及除霜装置的位置 　　第2步：掌握电冰箱加热及除霜装置的端口在电路中的连接 活动二：掌握电冰箱加热及除霜装置的故障处理 　　第1步：判断电冰箱加热及除霜装置的好坏 　　第2步：能更换加热及除霜装置 展示与评价 【相关知识链接】 任务四　会判断空调器电动机保护及启动装置的作用及故障处理 活动一：判断空调器电动机保护装置的作用及故障处理 （1）掌握空调器电动机保护装置的内部结构	

序号	工作任务	教学活动	参考学时
3	制冷设备中电控部分的认识	第1步:认识空调器电动机保护装置的位置 第2步:掌握空调器电动机保护装置的端口在电路中的连接 (2)掌握空调器电动机保护装置的故障处理 　第1步:判断空调器电动机保护装置的好坏 　第2步:能更换保护装置 活动二:判断空调器电动机启动装置的作用及故障处理 (1)掌握空调器电动机启动装置的内部结构 　第1步:认识空调器电动机启动装置的位置 　第2步:掌握空调器电动机启动装置的端口在电路中的连接 (2)掌握空调器电动机启动装置的故障处理 　第1步:判断空调器电动机启动装置的好坏 　第2步:能更换启动装置 展示与评价 【相关知识链接】 任务五　能判断空调器遥控电路的故障处理 活动一:掌握空调器遥控电路的内部结构 　第1步:认识空调器遥控电路发射装置的位置 　第2步:掌握空调器遥控电路发射装置的内部结构 　第3步:掌握空调器遥控电路接收装置的内部结构 活动二:掌握空调器遥控电路的故障处理 　第1步:判断空调器遥控电路接收装置的好坏 　第2步:能维修空调器遥控电路接收装置 展示与评价 【相关知识链接】 任务六　会拆装电控部件 活动一:拆电控部件 　第1步:用记号笔作好记号 　第2步:拆开电控部件 活动二:装电控部件 　第1步:根据记号笔作的记号进行组合 　第2步:装电控部件 展示与评价 【相关知识链接】	

续表

序号	工作任务	教学活动	参考学时
3	制冷设备中电控部分的认识	展示与评价 （三）鉴定 1. 知识 在实训室采取师生互动法对学生制冷设备方面的电控知识进行考核 2. 技能 a. 会判断电冰箱电动机保护及启动装置的作用及故障处理 b. 会判断电冰箱温度控制器的作用及故障处理 c. 会判断电冰箱加热及除霜装置的作用及故障处理 d. 会判断空调器电动机保护及启动装置的作用及故障处理 e. 能判断空调器遥控电路的故障处理 f. 会拆装电控部件能正确判断出各种电冰箱、空调器、冰柜、冷冻库的名称 3. 态度 通过访谈方式了解学生学习过程的发言情况、鉴定操作过程的表现，以此判明是否具有谦虚学习的态度 （四）拓展 1. 学习资源介绍 2. 学习方法指导	
4	制冷设备中制冷系统的认识及组装	（一）动员 1. 教学目标 （1）知识目标 ● 能描述制冷系统基本检修工艺要求； ● 能描述电冰箱制冷系统的组成部分； ● 能描述空调器制冷系统的组成部分； ● 能描述其他制冷设备制冷系统的组成部分。 （2）技能目标 ● 能正确使用制冷检测仪器； ● 能制作紫铜管的喇叭口、杯形口、U型弯； ● 能使用焊枪对铜管进行焊接； ● 会进行系统压力测试和检漏的操作； ● 能灌注制冷剂。 （3）情感目标 ● 养成安全操作的意识； ● 养成诚实守信、吃苦耐劳的品德；	24

续表

序号	工作任务	教学活动	参考学时
4	制冷设备中制冷系统的认识及组装	●养成勤动脑勤思考、积极发现问题的学习习惯； ●培养团队意识、合作意识、沟通和协调能力； ●养成良好的实作纪律行为习惯； ●养成爱护设备和检测仪器的良好习惯。 2.教学组织形式 在制冷实训室中采取分组教学 3.教学方法指导 (1)教法:讲解、演示、学生操作、展示成果 (2)学法:分析、实践、提问 (二)训练 任务一　能正确使用制冷检测仪器 活动一:万用表 (1)电阻的测试 　　第1步:万用表的识读 　　第2步:电阻的测试 (2)电流的测试 　　第1步:万用表的识读 　　第2步:电流的测试 (3)电压的测试 　　第1步:万用表的识读 　　第2步:电压的测试 活动二:钳形表 　　第1步:钳形表的识读 　　第2步:电流的测试 活动三:兆欧表 　　第1步:兆欧表的识读 　　第2步:电阻的测试 展示与评价 【相关知识链接】 任务二　能制作紫铜管的喇叭口、杯形口、U 型弯 活动一:喇叭口和杯形口的制作 (1)扩口器的正确使用 　　第1步:正确使用扩口器的夹板	

续表

序号	工作任务	教学活动	参考学时
4	制冷设备中制冷系统的认识及组装	第 2 步:选择合适的支头 （2）使用扩口器制作喇叭口、杯形口 　　第 1 步:拧开扩口器 　　第 2 步:铜管的固定 　　第 3 步:制作喇叭口、杯形口 　　第 4 步:检查管口质量 活动二:U 形弯的制作 （1）弯管器的正确使用 　　第 1 步:正确使用弯管器 　　第 2 步:选择合适的直径 （2）使用弯管器制作 U 形弯 　　第 1 步:割管操作 　　第 2 步:用倒角器去除铜管端毛刺和收口 　　第 3 步:铜管弯制 展示与评价 【相关知识链接】 任务三　能使用焊枪对铜管进行焊接 活动一:认识焊枪 　　第 1 步:掌握丁烷的使用 　　第 2 步:掌握氧气的使用 活动二:正确使用焊枪 　　第 1 步:控制好丁烷的用量 　　第 2 步:控制好氧气的用量 　　第 3 步:控制好火苗的力度 活动三:用焊枪进行焊接 　　第 1 步:教师示范 　　第 2 步:小组长操作 　　第 3 步:同学们操作 展示与评价 【相关知识链接】 任务四　会进行系统压力测试和检漏的操作 活动一:压力测试 　　第 1 步:认识压力表	

序号	工作任务	教学活动	参考学时
4	制冷设备中制冷系统的认识及组装	第2步:将压力表接入管道系统 第3步:打压 活动二:检漏操作 　第1步:检测压力表的好坏 　第2步:加压 　第3步:观察压力有无变化 　第4步:判断有无漏点 任务五　能灌注制冷剂 活动一:制冷剂的正确选择 活动二:灌注制冷剂 　第1步:将压力表接入制冷系统 　第2步:抽真空 　第3步:灌注制冷剂 　第4步:拆下压力表 展示与评价 【相关知识链接】 展示与评价 (三)鉴定 1.知识 在实训室采取师生互动法对学生制冷设备方面的制冷系统知识进行考核 2.技能 a.能正确使用制冷检测仪器 b.能制作紫铜管的喇叭口、杯形口、U型弯 c.能使用焊枪对铜管进行焊接 d.会进行系统压力测试和检漏的操作 e.能灌注制冷剂 3.态度 通过访谈方式了解学生学习过程的发言情况、鉴定操作过程的表现,以此判明是否具有谦虚学习的态度 (四)拓展 1.学习资源介绍 2.学习方法指导	

续表

序号	工作任务	教学活动	参考学时
5	制冷设备的检测及维修	（一）动员 1.教学目标 （1）知识目标 • 能描述电冰箱电控部分的检测方法； • 能描述房间空调器电控部分的检测方法； • 能描述电冰箱制冷系统的检测方法； • 能描述房间空调器制冷系统的检测方法； • 能描述汽车空调器的检测方法。 （2）技能目标 • 能检测和维修电冰箱的电控部分； • 能检测和维修电冰箱的压缩机； • 能检测和维修电冰箱的蒸发器； • 能检测和维修电冰箱的散热器； • 能检测和维修房间空调器的电控部分； • 能检测和维修汽车空调器的电控部分； • 能检测和维修房间空调器的制冷系统； • 能检测和维修汽车空调器的制冷系统； • 能进行漏氟测试及处理漏氟故障； • 能完成空调器安装与维修。 （3）情感目标 • 养成操作安全的意识； • 养成诚实守信、吃苦耐劳的品德； • 养成勤动脑勤思考、积极发现问题的学习习惯； • 培养团队意识、合作意识、沟通和协调能力； • 养成良好的实作纪律行为习惯； • 养成爱护设备和检测仪器的良好习惯。 2.教学组织形式 在制冷实训室中采取分组教学 3.教学方法指导 （1）教法：讲解、演示、学生操作、展示成果 （2）学法：分析、实践、提问 （二）训练 任务一　能检测和维修电冰箱的电控部分	20

序号	工作任务	教学活动	参考学时
5	制冷设备的检测及维修	第1步:正确使用仪器检测电冰箱的电控部分 第2步:根据检测判断故障 第3步:排除故障 展示与评价 【相关知识链接】 任务二　能检测和维修电冰箱的压缩机 　第1步:正确使用仪器检测电冰箱的压缩机 　第2步:根据检测判断故障 　第3步:排除故障 展示与评价 【相关知识链接】 任务三　能检测和维修电冰箱的蒸发器 　第1步:正确使用仪器检测电冰箱的蒸发器 　第2步:根据检测判断故障 　第3步:排除故障 展示与评价 【相关知识链接】 任务四　能检测和维修电冰箱的散热器 　第1步:正确使用仪器检测电冰箱的散热器 　第2步:根据检测判断故障 　第3步:排除故障 展示与评价 【相关知识链接】 任务五　能检测和维修房间空调器的电控部分 　第1步:正确使用仪器检测房间空调器的电控部分 　第2步:根据检测判断故障 　第3步:排除故障 展示与评价 【相关知识链接】 任务六　能检测和维修汽车空调器的电控部分 　第1步:正确使用仪器检测汽车空调器的电控部分 　第2步:根据检测判断故障 　第3步:排除故障	

续表

序号	工作任务	教学活动	参考学时
5	制冷设备的检测及维修	展示与评价 【相关知识链接】 任务七　能检测和维修房间空调器的制冷系统 　　第1步:正确使用仪器检测房间空调器的制冷系统 　　第2步:根据检测判断故障 　　第3步:排除故障 展示与评价 【相关知识链接】 任务八　能检测和维修汽车空调器的制冷系统 　　第1步:正确使用仪器检测汽车空调器的制冷系统 　　第2步:根据检测判断故障 　　第3步:排除故障 展示与评价 【相关知识链接】 任务九　能进行漏氟测试及处理漏氟故障 　　第1步:正确使用仪器检测漏氟及处理漏氟故障 　　第2步:根据检测判断故障 　　第3步:排除故障 展示与评价 【相关知识链接】 任务十　能完成空调器安装 活动一:外机支架的定位 　　第1步:定位 　　第2步:选择支架 　　第3步:用膨胀螺栓固定支架 　　第4步:固定外机 活动二:内机支架的定位 　　第1步:定位 　　第2步:选择支架 　　第3步:用螺钉栓固定支架 　　第4步:固定内机 活动三:管道的链接 　　第1步:保温管的穿管	

序号	工作任务	教学活动	参考学时
5	制冷设备的检测及维修	第2步:连接高压、低压管 第3步:加氟利昂 活动四:试机 展示与评价 【相关知识链接】 展示与评价 (三)鉴定 1.知识 在实训室采取师生互动法对学生制冷设备方面的制冷系统安装和维修知识进行考核 2.技能 a.能检测和维修电冰箱的电控部分 b.能检测和维修电冰箱的压缩机 c.能检测和维修电冰箱的蒸发器 d.能检测和维修电冰箱的散热器 e.能检测和维修房间空调器的电控部分 f.能检测和维修汽车空调器的电控部分 g.能检测和维修房间空调器的制冷系统 h.能检测和维修汽车空调器的制冷系统 i.能进行漏氟测试及处理漏氟故障 j.能完成空调器安装与维修 3.态度 通过访谈方式了解学生学习过程的发言情况、鉴定操作过程的表现,以此判明是否具有谦虚学习的态度 (四)拓展 1.学习资源介绍 2.学习方法指导	

5 实施建议

5.1 教材编写或选用

（1）依据本课程标准编写或选用教材，教材应充分体现任务引领、实践导向课程的设计思想。

（2）教材应将本专业职业活动分解成若干典型的工作项目，按完成工作项目的需要和岗位操作规程，结合职业技能证书考证内容组织教材内容。通过故障模拟、观看录像、理实一体教学并运用所学知识进行评价，引入必需的理论知识，增加实践实操内容，强调理论在实践过程中的应用。

（3）教材应图文并茂，提高学生的学习兴趣，加深学生对制冷设备的认识和理解。教材表达必须精练、准确、科学。

（4）教材内容应体现先进性、通用性、实用性，要将本专业的新技术、新工艺、新材料及时地纳入教材，使教材更贴近本专业的发展和实际需要。

（5）教材中活动设计的内容要具体，并具有可操作性。

5.2 教学建议

（1）在教学过程中，应立足于加强学生实际操作能力的培养，采用项目教学，以工作任务引领提高学生学习兴趣，激发学生的成就动机。

（2）本课程教学的关键是实训教学，应选用制冷设备为载体，在教学过程中，教师示范和学生分组讨论、训练互动，学生提问与教师解答、指导有机结合，让学生在"教"与"学"过程中，会进行制冷设备制冷系统的检测。

（3）在教学过程中，要创设工作情景，同时应加大实践实操的容量，要紧密结合职业技能证书的考证，加强考证的实操项目的训练，在实践实操过程中，使学生掌握制冷设备制冷系统的检测和主要部件的检测，提高学生的岗位适应能力。

（4）在教学过程中，要贴近企业、贴近生产，重视本专业领域新技术、新工艺、新材料的发展趋势。为学生提供职业生涯发展的空间，培养学生参与社会实践的职业能力和创新精神。

（5）在教学过程中，教师应积极引导学生提升职业素养，提高职业道德水平。

5.3　教学评价

(1)改革传统的评价手段和方法,采用阶段评价、过程性评价与目标评价相结合,项目评价、理论与实践一体化评价,形成立体化评价方式。

(2)关注评价的多元性,结合课堂提问、学生作业、平时测验、项目考核、技能目标考核,占总成绩的70%,理论考试和实际操作,期末考试的成绩占总成绩的30%,其中理论考试占30%,实际操作考试占70%。

(3)应注重学生动手能力和实践中分析问题、解决问题能力的考核,对在学习和应用上有创新的学生应予特别鼓励,综合评价学生能力。

5.4　课程资源

(1)注重实训指导书和实训教材的开发和应用。

(2)注重课程资源和现代化教学资源的开发和利用,如多媒体的应用,这些资源有利于创设形象生动的工作情景,激发学生的学习兴趣,促进学生对知识的理解和掌握。同时,建议加强课程资源的开发,建立多媒体课程资源的数据库,努力实现多媒体资源跨学校的共享,以提高课程资源利用效率。

(3)积极开发和利用网络课程资源,充分利用诸如电子书籍、电子期刊、数据库、数字图书馆、教育网站和电子论坛等网上信息资源,使教学从单一媒体向多种媒体转变;教学活动从信息的单向传递向双向交换转变;学生单独学习向合作学习转变。同时应积极创造条件搭建远程教学平台,扩大课程资源的交互空间。

(4)产学合作开发实训课程资源,充分利用校内外实训基地,进行产学合作,实践"工学"交替,满足学生的实训、实习,同时为学生就业创造机会。

(5)建立本专业开放式实训中心,使之具备现场教学、实训、职业技能证书考证的功能,实现教学与实训合一、教学与培训合一、教学与考证合一,满足学生综合职业能力培养的要求。

5.5　其他说明

本课程教学标准适用于中职院校电子信息与技术专业电子电器应用与维修方向。